工业和信息化
人才培养规划教材
Industry And Information
Technology Training
Planning Materials

U0202761

Windows Server 2012
活动目录项目式教程

Windows Server 2012 Active
Directory

黄君羡 ◎ 编著

人民邮电出版社
北京

图书在版编目（CIP）数据

Windows Server 2012 活动目录项目式教程 / 黄君
羡编著. -- 北京：人民邮电出版社，2015.5（2022.11重印）
工业和信息化人才培养规划教材
ISBN 978-7-115-38297-9

Ⅰ．①W… Ⅱ．①黄… Ⅲ．①Windows操作系统—网络
服务器—教材 Ⅳ．①TP316.86

中国版本图书馆CIP数据核字(2015)第014860号

内 容 提 要

本书围绕系统管理员、网络工程师等岗位对企业活动目录架构、实施与维护能力的要求，通过引入行业标准和职业岗位标准，以基于 Windows Server 2012 平台构建网络主流技术和主流产品为载体，引入企业应用需求将活动目录基础知识和服务架构融入到各项目中。书中涉及的项目均取材于真实企业网络建设工程项目。

本书适合计算机相关专业的学生使用，也可作为社会培训教材使用。

◆ 编　　著　黄君羡
责任编辑　范博涛
责任印制　杨林杰

◆ 人民邮电出版社出版发行　北京市丰台区成寿寺路 11 号
邮编　100164　电子邮件　315@ptpress.com.cn
网址　http://www.ptpress.com.cn
固安县铭成印刷有限公司印刷

◆ 开本：787×1092　1/16
印张：17.25　　　　　　2015 年 5 月第 1 版
字数：427 千字　　　　2022 年 11 月河北第 10 次印刷

定价：42.00 元

读者服务热线：(010)81055256　印装质量热线：(010)81055316
反盗版热线：(010)81055315

前言　PREFACE

活动目录服务是微软 Windows 操作系统最重要的服务，而 Windows Server 2012 是其最新的服务版本，经过两年多的市场应用，目前已经成为业界的主流应用版本。

活动目录的配置与管理是网络系统管理工程师、网络系统运维工程师的典型工作任务，是计算机网络技术高技能人才必须具备的核心技能，也是高职和应用型本科计算机网络类专业的一门重要专业核心课程。本书以培养读者活动目录的构建、应用、维护与管理技能为目标，详细介绍活动目录的构建、域用户和组的管理、域文件服务的构建、OU 与组策略的规划应用、活动目录的维护与管理等内容。

本书将以实际的企业应用案例为读者展现强大的活动目录功能，通过每一个工作任务的训练让读者快速掌握活动目录的操作技能，并通过举一反三，让读者快速的将 Windows Server 2012 活动目录的知识和技能与自身工作联系起来。

全书共计 26 个项目，以由简入难为原则，分为 7 个部分。

第 1 部分为活动目录概述，将详细介绍活动目录的基本概念、活动目录的逻辑结构、活动目录的物理结构等知识。

第 2 部分为虚拟化实战环境搭建，将详细介绍如何应用当前流行的 VMware 构建活动目录的网络和服务器实训环境。

第 3 部分为活动目录实战环境搭建，将详细介绍域控制服务器的创建；将用户和计算机加入到域；子域的加入；额外域控制器的创建；全局编录；域的删除等内容。

第 4 部分为管理域用户和组，将详细介绍域用户的导入与导出；个性化登录；用户数据漫游；将域成员设定为特定客户机的管理员；管理计算机加入到域的权限；组的管理与 AGUDLP 原则等内容。

第 5 部分为域文件服务的构建，将详细介绍活动目录环境下多用户隔离 FTP 服务的构建；DFS 分布式文件系统的配置与管理；DFS 文件服务的负载均衡与容灾等内容。

第 6 部分为 OU 与组策略的规划应用，将详细介绍 OU 的规划与权限管理；在 AD 中发布资源；组策略在计算机策略中的应用；组策略在用户策略中的应用；组策略在软件部署的应用；通过组策略管理用户环境；组策略的管理等内容。

第 7 部分为域的维护与管理，将详细介绍提升林和域的功能级别；部署多元化密码策略；操作主机角色的转移与强占；站点的创建与管理；AD 的备份与还原等内容。

活动目录是初级网络管理员和在校学生很少接触到的技术，因此学习起来会感觉抽象，不好理解，所以本书在每一个项目中力求通过【项目背景】引入企业应用需求，通过【相关知识】导入解决该应用所需的知识和技能，通过【项目分析】描述通过何种知识和技能可以解决本项目应用需求，通过【项目操作】详细呈现解决企业应用需求的过程，通过【项目验证】验证本项目的实施效果，最后通过【习题与上机】进行知识的复习和项目的实战巩固本项目对应的知识和技能。

本书若作为教学用书，参考学时为 48～64 学时，建议采用理论实践一体化教学模式，各项目的参考学时为 2 学时。

学时分配表

内容模块	课程内容	学　时
第 1 部分	第一部分 活动目录概述	2～4
第 2 部分	项目 1 构建网络实训环境	1～2
第 3 部分	项目 2 构建林中的第一台域控制器	1～2
	项目 3 将用户和计算机加入到域	1～2
	项目 4 额外域控制器与全局编录的部署	2～3
	项目 5 子域的加入、域的删除	2～3
第 4 部分	项目 6 修改用户的密码策略	1～2
	项目 7 域用户的导出与导入	2～3
	项目 8 用户个性化登录、用户数据漫游	2～3
	项目 9 将域成员设定为客户机的管理员	1～2
	项目 10 管理将计算机加入域的权限	1～2
	项目 11 组的管理与 AGUDLP 原则	3～4
	项目 12 AGUDLP 项目实战	2～3
第 5 部分	项目 13 AD 环境下多用户隔离 FTP 实验	2～3
	项目 14 DFS 分布式文件系统的配置与管理（独立根目录）	1～2
	项目 15 DFS 分布式文件系统的配置与管理（域根目录）	2～3
第 6 部分	项目 16 OU 规划与权限管理	2～3
	项目 17 在 AD 中实现资源发布	2～3
	项目 18 通过组策略限制计算机无法使用系统的部分功能（计算机策略）	1～2
	项目 19 通过组策略限制用户无法使用系统的部分功能（用户策略）	1～2
	项目 20 通过组策略实现软件部署	2～3
	项目 21 通过组策略管理用户环境	2～3
	项目 22 组策略的管理	2～4
第 7 部分	项目 23 提升林和域的功能级别，部署多元密码策略	1～2
	项目 24 操作主机角色的转移与强占	2～3
	项目 25 站点的创建与管理	2～3
	项目 26 AD 的备份与还原	2～3
课程考核	课程考评	2
课时总计		48～64

本书由黄君羡编著，此外在编写过程中，得到了吴海东、李琳、许兴鹍、欧薇、徐务棠、章丽鸿的大力支持和帮助，在此深表感谢。

由于编者水平和经验有限，书中难免有欠妥和错误之处，恳请读者批评指正。

编　者

2015 年 1 月

目 录 CONTENTS

项目 11　组的管理与 AGUDLP 原则　104

项目 12　AGUDLP 项目实战　113

第 5 部分　域文化服务的搭建

项目 13　AD 环境下多用户隔离 FTP 实验　132

项目 14　DFS 分布式文件系统的配置与管理（独立根目录）　142

项目 15　DFS 分布式文件系统的配置与管理（域根目录）　150

第 7 部分 域的维护与管理

6

第 1 部分

活动目录概述

在规模较小的企业环境中，可以使用工作组的形式来组织和管理计算机。如果企业的网络规模较大，地理位置分散，计算机和用户数量多，工作组模式将没有办法集中管理，这就需要使用域的形式来组织，以便进行集中的管理和集中的用户身份验证。

本部分将详细介绍活动目录的基本概念、活动目录的逻辑结构、活动目录的物理结构等知识。

第一节 什么是活动目录

活动目录（Active Directory，AD）由"活动"和"目录"两部分组成，其中"活动"是用来修饰"目录"，其核心是"目录"，而目录代表的是目录服务（Directory Service）。

对于目录，大家最熟悉的就是书的目录，通过它就能知道书的大致内容。但目录服务和书的目录不同，目录服务是一种网络服务，它存储着网络资源的信息并使用户和应用程序能访问这些资源。

在活动目录管理的网络中，目录首先是一个容器，它存储了所有的用户、计算机、应用服务等资源，同时对于这些资源，目录服务通过规则让用户和应用程序快捷访问这些资源。

例如，在工作组的计算机管理中，如果一个用户需要使用多台计算机，那么网络管理员需要到这些计算机上为该用户创建账户并授予相应访问权限。如果有大量的用户有这类需求，那么网络管理员的管理难度将十分繁杂。但在活动目录的管理方式下，用户作为资源被统一管理，每一个员工拥有唯一的活动目录账户，通过对该用户授权允许访问特定组的计算机即可完成该工作。通过比较不难得出 AD 在管理大量用户和计算机时所具有的优势。

对于活动，可以解释为动态的，可扩展的，主要体现在以下两个方面。

（1）AD（活动目录）对象的数量可以按需增减或移动。

AD 中的对象可以按需求增加、减少和移动，如新购置了计算机、有部分员工离职、员工变换工作岗位，这些都必须相应的在 AD 中改变。

（2）AD（活动目录）对象的属性是可以增加的。

每一个对象都是用它的属性进行描述的，AD 对象的管理实际上就是对对象属性的管理，而对象的属性是可能发生变化的。例如，联系方式这个属性原先只有通信地址、手机、电子邮件等，可随着社会发展，用户的联系方式可能需要增加微信号、微博号等，而且这些变化还在持续变化，在 AD 中支持对象属性的增加，AD 管理员只需通过修改 AD 架构来增加属性，然后 AD 用户就可以在 AD 中使用这个属性了。

需要注意的是，AD 对象的属性可以增加，但是不可以减少，如果一些对象属性不允许使用，可以禁用它。

综上，活动目录是一个数据库，它存储着网络中重要的资源信息。当用户需要访问网络中的资源时，就可以到活动目录中进行检索并能快速查找到需要的对象。而且活动目录是一种分布式服务，当网络的地理范围很大时，可以通过位于不同地点的活动目录数据库提供相同的服务来满足用户的需求。

1. 活动目录对象

简单地说，在 AD 中可以被管理的一切资源都称为 AD 对象，如用户、组、计算机账户、共享文件夹等。AD 的资源管理就是对这些 AD 对象的管理，包括设置对象的属性、对象的安全性等。每一个对象都存储在 AD 的逻辑结构中，可以说 AD 对象是组成 AD 的基本元素。

2．活动目录架构

架构（Schema）就是活动目录的基本结构，是组成活动目录的规则。

AD 架构中包含两个方面内容：对象类和对象属性。其中，对象类用来定义在 AD 中可以创建的所有可能的目录对象，如用户、组等；对象属性用来定义在每个对象可以有哪些属性来标识该对象，如用户可以有登录名、电话号码等属性。也就是说 AD 架构用来定义数据类型、语法规则、命名约定等内容。

当在 AD 中创建对象时，需要遵守 AD 架构规则，只有在 AD 架构中定义了一个对象的属性才可以在 AD 中使用该属性。前面叙述的 AD 中对象的熟悉是可以增加的，这就要通过扩展 AD 架构来实现。

AD 架构存储在 AD 架构表中，当需要扩展时只需要在架构表中进行修改即可，在整个活动目录林中只能有一个架构，也就是说在 AD 中所有的对象都会遵守同样的规则，这将有助于对网络资源进行管理。

3．轻型目录访问协议

轻型目录访问协议（Light Directory Access Protocol，LDAP）或称简便的目录访问协议，是访问 AD 的协议，当 AD 中对象的数量非常大时，如果要对某个对象进行管理和使用就需要查找定位该对象，这时就需要有一种层次结构来查找它，LDAP 就提供了这样一种机制。

例如，现实中的找人，如果要找张三这个人，需要知道他在哪个城市、区、街道、大楼、楼层、房间号，最后才能找到他，这就是一种层次结构，和 LDAP 是类似的。

在 LDAP 协议中指定了严格的命名规范，按照这个规范可以唯一地定位一个 AD 对象，如表 0-1 所示。

表 0-1　LDAP 中关于 DC、OU 和 CN 的定义

名字	属性	描述
DC	域组件	活动目录域的 DNS 名称
OU	组织单位	组织单位可以和实际中的一个行政部门相对应，在组织单位中可以包括其他对象，如用户、计算机等
CN	普通名字	除了域组件和组织单位外的所有对象，如用户、打印机等

按照这个规范，假如在域 edu.cn 中有一个组织单位 software，在这个组织单位下有一个用户账户 tom，那么在活动目录中 LDAP 协议用下面的方式来标识该对象：

```
CN=tom,OU=software,DC=edu,DC=cn
```

LDAP 的命名包括两种类型：辨别名（Distinguished Names）和相关辨别名（Relative Distinguished Names）。

上面所写的 "CN=tom,OU=software,DC=edu,DC=cn" 就是 tom 这个对象在 AD 中的辨别名。而相关辨别名是指辨别名中唯一能标识这个对象的部分，通常为辨别名中最前面的一个。在上面这个例子中 "CN=tom" 就是 tom 这个对象在 AD 中的相关辨别名，该名称在 AD

中必须唯一。

4．活动目录的特点与优势

与非域环境下独立的管理方式相比，利用 AD 管理网络资源有以下特点：

（1）资源的统一管理

活动目录的目录是一个能存储大量对象的容器，它可以统一管理企业中成千上万分布于异地的计算机、用户等资源，如统一升级软件等，而且管理员还可以通过委派下放一部分管理的权限给某个用户账户，让该用户替管理员执行特定的管理用户。

（2）便捷的网络资源访问

活动目录将企业所有的资源都存入 AD 数据库中，利用 AD 工具，用户可以方便地查找和使用这些资源。并且由于 AD 采用了统一身份验证，用户仅需一次登录就可以访问整个网络资源。

（3）资源访问的分级管理

通过登录认证和对目录中对象的访问控制，安全性和活动目录加密集成在一起。管理员能够管理整个网络的目录数据，并且可以授权用户能访问网络上位于任何位置的资源及权限。

（4）减低总体拥有成本

总体拥有成本（TCO）是指从产品采购到后期使用、维护的总的成本，包括计算机采购的成本、技术支持成本、升级的成本等。例如，AD 通过应用一个组策略，可以对整个域中的所有计算机和用户生效，这将大大减少分别在每一台计算机上配置的时间。

第二节　活动目录的逻辑结构

在活动目录中有很多资源，要对这些资源进行很好的管理就必须把它们有效组织起来，活动目录的逻辑结构就是用来组织资源的。

活动目录的逻辑结构可以和公司的组织机构图结合起来理解，通过对资源进行逻辑组织，使用户可以通过名称而不是通过物理位置来查找资源，并且使网络的物理结构对用户透明化。

活动目录的逻辑结构包括域（Domain）、域树（Domain Tree）、域目录林（Forest）和组织单位（Organization Unit，OU），如图 0-1 所示。

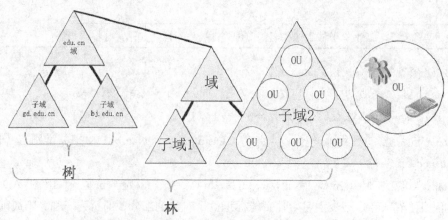

图 0-1　活动目录的逻辑结构

1．域的概念

域是活动目录的逻辑结构的核心单元，是活动目录对象的容器。同时域定义了3个边界：安全边界、管理边界、复制边界。

（1）安全边界。域中所有的对象都保存在域中，并且每个域只保存属于本域的对象，所以域管理员只能管理本域。安全边界的作用就是保证域的管理者只能在该域内拥有必要的管理权限，而对于其他域（如子域）则没有权限。

（2）管理边界。每一个域只能管理自身区域的对象，例如，父域和子域是两个独立的域，两个域的管理员仅能管理自身区域的对象，但是由于它们存在逻辑上的父子信任关系，因此两个域的用户可以相互访问，但是不能管理对方区域的对象。

（3）复制边界。域是复制的单元，是一种逻辑的组织形式，因此一个域可以跨越多个物理位置。如图0-2所示，EDU公司在北京和广州都有公司的相关机构，它们都隶属edu.cn域，北京和广州两地通过ADSL拨号互联，同时两地各部署了一台域控制器。如果edu.cn域中只有一台域控制器在北京，那么广州的客户端在登录域或者使用域中的资源时都要通过北京的域控制器进行查找，而北京和广州的连接是慢速的，这种情况下，为了提高用户的访问速率可以在广州也部署一台域控制器，同时让广州的域控制器复制北京域控制器的所有数据，这样广州的用户只需通过本地域控制器即可实现快速登录和资源查找。由于域控制器的数据是动态的（如管理员禁用了一个用户），所以域内的所有域控制器之间还必须实现数据同步。域控制器仅能复制域内的数据，其他域的数据不能复制，所以域是复制边界。

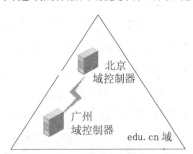

图0-2　活动目录的逻辑结构——域

综上所述，域是一种逻辑的组织形式，能够对网络中的资源进行统一管理，要实现域的管理，必须在一台计算机上安装活动目录才能实现，而安装了活动目录的计算机就成为域控制器。

2．登录域和登录到本机的区别

登录域和登录到本机是有区别的，在属于工作组的计算机上只能通过本地账户登录到本机，在一台加入到域的计算机上可以选择登录到域或者登录到本机，如图0-3所示。

在登录到本机时必须输入这台计算机上的本地用户账户的信息，在"计算机管理"控制台下可以查看这

图0-3　在域上的计算机登录界面

些用户账户的信息，登录验证也是由这台计算机完成的。本地登录账户通常为"计算机名\用户名"，如 SRV1\tom 。

在登录到域时必须输入域用户账户的信息，而域用户账户的信息只保存在域控制器上。因此用户无论使用哪台域客户机，其登录验证都是由域控制器来完成的，也就是说默认情况下，域用户可以使用任何一台客户机。域登录账户通常为"用户名@域名"，如 tom@edu.cn。

在域的管理中，基于安全考虑，客户机的所有账户都会被域管理员统一回收，企业员工仅能通过域账户使用客户机。

3．域树

域树是由一组具有连续命名空间的域组成的。

例如，EDU 公司最初只有一个域名 edu.cn，后来公司发展了，在北京成立了一个分公司，出于安全的考虑需要新创建一个域，可以把这个新域加入到 edu.cn 域中，这个 bj.edu.cn 就是 edu.cn 的子域，edu.cn 是 bj.edu.cn 的父域。

组成一棵域树的第一个域成为树的根域，图 0-4 中左边第一棵树的根域为 edu.cn，树中其他域称为该树的结点域。

4．树和信任关系

域树是由多个域组成的，而域的安全边界作用使得域和其他域之间的通信需要获得授权。在活动目录中这种授权是通过信任关系来实现的。在活动目录的域树中父域和子域之间可以自动建立一种双向可传递的信任关系。

如果 A/B 两个域直接有双向信任关系，则可以达到以下结果。

（1）这两个域就像在同一个域一样，A 域中的账号可以在 B 域中登录 A 域，反之亦然。

（2）A 域中的用户可以访问 B 域中有权限访问的资源，反之亦然。

（3）A 域中的全局组可以加入 B 域中的本地组，反之亦然。

这种双向信任关系淡化了不同域之间的界限，而且在 AD 中父子域之间的信任关系是可以传递的，可传递的意思是如果 A 域信任 B 域，B 域信任 C 域，那么 A 域也就信任 C 域。在图 0-4 中 gd.edu.cn 域和 bj.edu.cn 域由于各自同 edu.cn 建立了父子域关系，所以它们也相互信任并允许相互访问，也可以称它们为兄弟域关系。由于有这种双向可传递的信任关系存在，实际上就把这几个域融为一体了。

5．域目录林

域目录林是由一棵或多棵域树组成的，每棵域树使用自身连续的命名空间，不同域树之间没有命名空间的连续性，如图 0-4 所示。

域目录林具有以下特点：

（1）目录林中的第一个域称为该目录林的根域，根域的名字将作为目录林的名字。

（2）目录林的根域和该目录林中的其他域树的根域直接存在双向可传递的信任关系。

（3）目录林中的所有域树拥有相同的架构和全局编录。

在活动目录中，如果只有一个域，那么这个域也称为一个目录林，因此单域是最小的林。前面介绍了域的安全边界，如果一个域用户要对其他域进行管理，则必须得到其他域的授权，但在目录林中有一个特殊情况，那就是在默认情况下目录林的根域管理员可以对目录林中所有域执行管理权限，这个管理员也称为整个目录林的管理员。

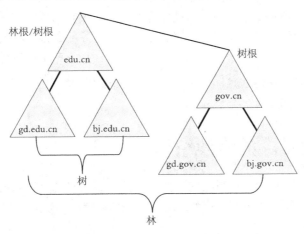

图 0-4　AD 的逻辑结构——域目录林

6．组织单位

组织单位（OU）是活动目录中的一个特殊容器，它可以把用户、组、计算机等对象组织起来。与一般的容器仅能容纳对象不同，组织单位不仅可以包含对象，而且可以进行组策略设置和委派管理，这是普通容器不能办到的。关于组策略和委派将在后续内容中介绍。

组织单位是活动目录中最小的管理单元。如果一个域中的对象数目非常多时，可以用组织单位把一些具有相同管理要求的对象组织在一起，这样就可以实现分级管理了。而且作为域管理员开可以委托某个用户去管理某个 OU，管理权限可以根据需要配置，这样就可以减轻管理员的工作负担。

组织单位可以和公司的行政机构相结合，这样可以方便管理员对活动目录对象的管理，而且组织单位可以像域一样做成树状的结构，即一个 OU 下面还可以有子 OU。

在规划单位时可以根据两个原则：地点和部门职能。如果一个公司的域由北京总公司和广州分公司组成，而且每个城市都有市场部、技术部、财务部 3 个部门，则可以按照如图 0-5 左边所示的结构来组织域中的子域（在 AD 中，组织单位用圆形来表示），图 0-5 右边所示则是在 AD 中根据左边的结构创建的 OU 结果。

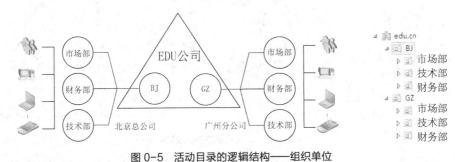

图 0-5　活动目录的逻辑结构——组织单位

7．全局编录

一个域的活动目录只能存储该域的信息，相当于这个域的目录。而当一个目录林中有多个域时，由于每个域都有一个活动目录，因此如果一个域的用户要在整个目录林范围内查找一个对象时，就需要搜索目录林中的所有域，这时用户就需要较长时间的等待了。

全局编录（Global Catalog，GC）相当于一个总目录，就像一个书架的图书有一个总目录一样，在全局编录中存储已有活动目录中所有域（林）对象的子集。默认情况下，存储在全局编录中的对象属性是那些经常用到的内容，而非全部属性。整个目录林会共享相同的全局编录信息。GC 中的对象包含访问权限，用户只能看见有访问权限的对象，如果一个用户对某个对象没有权限，在查找时将看不到这个对象。

第三节　活动目录的物理结构

前面所述的都是活动目录的逻辑结构，在 AD 中，逻辑结构是用来组织网络资源的，而物理结构则是用来设置和管理网络流量的。活动目录的物理结构由域控制器和站点组成。

1．域控制器

域控制器（Domain Controller，DC）是存储活动目录信息的地方，用来管理用户登录进程、验证和目录搜索等任务。一个域中可以有一台或多台 DC，为了保证用户访问活动目录信息的一致性，就需要在各 DC 之间实现活动目录数据的复制，以保持同步。

2．站点

站点（Site）一般与地理位置相对应，它由一个或几个物理子网组成。创建站点的目的是优化 DC 间复制的网络流量。

如图 0-6 所示的站点结构图中，在没有配置站点的 AD 中，所有的域控制器都将相互复制数据以保持同步，那么广州的 A1 和 A2 与北京的 B1、B2 和 B3 间相互复制数据就会占用较长时间。例如，A1 和 B1 的同步复制与 A2 与 B1 的同步复制就明显存在重复在公网上复制相同数据的情况。但是在站点的作用下，A2 不能直接和 B1 同步复制，DC 的同步首先在站点内同步，然后通过各自站点的一台服务器进行同步，最后各自站点内进行同步完成全域或全林的数据同步。

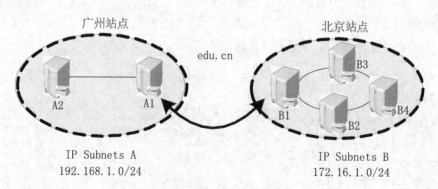

图 0-6　活动目录的站点结构

显然通过站点，优化了 DC 间的数据同步的网络流量。站点具有以下特点：

（1）一个站点可以有一个或多个 IP 子网。

（2）一个站点中可以有一个或多个域。

（3）一个域可以属于多个站点。

利用站点可以控制 DC 的复制是同一站点内的复制，还是不同站点间的复制，而且利用站点链接可以有效地组织活动目录复制流，控制 AD 复制的时间和经过的链路。

需要注意的是：站点和域之间没有必然的联系，站点映射了网络的物理拓扑结构，域映射网络的逻辑拓扑结构，AD 允许一个站点可以有多个域，一个域也可以有多个站点。

第四节　DNS 服务与活动目录

DNS 是 Internet 的重要服务之一，它用于实现 IP 地址和域名的相互解析。同时它为互联网提供了一种逻辑的分层结构，利用这个结构可以标识互联网所有的计算机，同时这个结构也为人们使用互联网提供了便捷。

与之类似，AD 的逻辑结构也是分层的，因此可以把 DNS 和 AD 结合起来，这样就可以把 AD 中所管理的资源便捷进行管理和访问。图 0-7 显示了 DNS 和 AD 名称空间的对应关系。

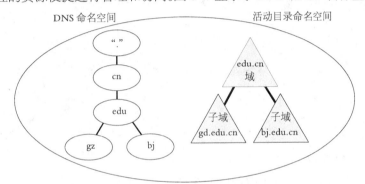

图 0-7　DNS 和活动目录名称空间的对应关系

在 AD 中，域控制器会自动向 DNS 服务器注册 SRV（服务资源）记录，在 SRV 记录中包含了服务器所提供服务的信息及服务器的主机名与 IP 地址等。利用 SRV 记录，客户端可以通过 DNS 服务器查找域控制器、应用服务器等信息。图 0-8 是在活动目录中的一台域控制器中的 DNS 控制台的界面，通过该界面可以看到 edu.cn 区域下有_msdcs、_sites、_tcp、_udp、DomainDnsZones 和 ForestDnsZones6 个子文件夹，这些文件夹中存放的就是 SRV 记录。

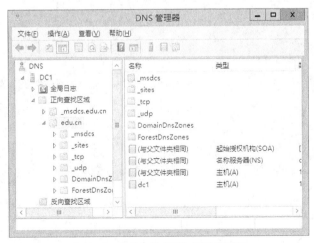

图 0-8　在 DC 的 DNS 控制台界面

综上所述，DNS 是活动目录的基础，要实现活动目录，就必须安装 DNS 服务。在安装域的第一台 DC 时，应该把本机设置为 DNS 服务器，并且在活动目录安装过程中，DNS 会自动创建与 AD 域名相同的正向查找区域。

习 题

简答题

（1）什么是活动目录？

（2）解释一下"域""活动目录"和"域控制器"。

（3）工作组和域最大的区别在哪里？

（4）树和林有何区别？

（5）升级为 DC 之前需不需要安装 DNS 服务，在 AD 中 DNS 的作用是什么？

第 ② 部分
虚拟化实战环境搭建

PART 1

项目 1
利用 VMware Workstation
构建活动目录实验环境

项目描述

EDU 公司拟通过 Windows Server 2012 域管理公司用户和计算机，以便网络管理部的员工尽快熟悉 Windows Server 2012 域环境。

为了构建企业实际网络拓扑环境，网络管理部拟采用虚拟化技术，预先在一台高性能计算机上配置网络虚拟拓扑，并在此基础上创建虚拟机，模拟企业应用环境。

通过在虚拟化技术构建的企业应用环境中实施活动目录，不仅可以让网络管理部员工尽快熟悉 AD 的相关知识和技能，并能为企业前期部署 AD 可能遇到的问题提供宝贵的解决经验，确保企业 AD 的项目实施顺利进行。

公司网络拓扑如图 1-1 所示。

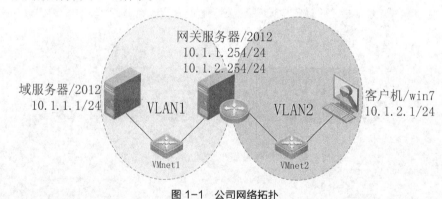

图 1-1 公司网络拓扑

相关知识

1. 虚拟化

虚拟化是指通过虚拟化技术将一台计算机虚拟为多台逻辑计算机。在一台计算机上同时运行多个逻辑计算机，每个逻辑计算机可运行不同的操作系统，并且应用程序都可以在相互独立的空间内运行而互不影响，从而提高计算机的工作效率。

虚拟化技术可以定义为将一个计算机资源从另一个计算机资源中剥离的一种技术。在没有虚拟化技术的单一情况下，一台计算机只能同时运行一个操作系统，虽然我们可以在一台计算机上安装两个甚至多个操作系统，但是同时运行的操作系统只有一个；而通过虚拟化我们可以在同一台计算机上创建多台虚拟机，每台虚拟机启动一个操作系统，每个操作系统上可以有许多不同的应用，并且这些虚机及各自应用间互不干扰。

虚拟机同物理机一样，是运行操作系统和应用程序软件的计算机，只是虚拟机采用的硬件全部来自宿主计算机的虚拟硬件。因为每台虚拟机是隔离的计算环境，所以虚机间互不干扰。

2．VMware Workstation

VMware Workstation 是一款功能强大的桌面虚拟计算机软件，它可在一部实体机器上模拟完整的网络环境，以及虚拟计算机，对于企业的 IT 开发人员和系统管理员而言，VMware Workstation 在虚拟网路，快照等方面的特点使它成为重要的工具。

通过虚拟化服务，可以在一台高性能计算机上部署多个虚拟机，每一台虚拟机承载一个或多个服务系统。虚拟化有利于提高计算机的利用率，减少物理计算机的数量，并能通过一台宿主计算机管理多台虚拟机，让服务器的管理变得更为便捷高效。

3．VMware Workstation 的快照技术

磁盘"快照"是虚拟机磁盘文件（.vmdk）在某个时间点的复本。系统崩溃或系统异常，用户可以通过使用恢复到快照来还原磁盘文件系统，使系统恢复到创建快照的位置。如果用户创建了多于一个的虚拟机快照，那么，用户将有多个还原点可以用于恢复。

为虚拟机创建每一个快照时，都会创建一个 delta 文件。当快照被删除或在快照管理里被恢复时，这些文件将自动删除。

快照文件最初很小，快照的增长率由服务器上磁盘写入活动发生次数决定。拥有磁盘写入增强应用的服务器，诸如 SQL 和 Exchange 服务器，它们的快照文件增长很快。另一方面，拥有大部分静态内容和少量磁盘写入的服务器，诸如 Web 和应用服务器，它们的快照文件增长率很低。当用户创建许多快照时，新 delta 文件被创建并且原先的 delta 文件变成只读的了。

4．VMware Workstation 的克隆技术

VMware Workstation 可以通过预先已安装好的虚拟机 A 快速克隆出多台同 A 相类似的虚拟机 A1、A2……此时源计算机 A 和克隆计算机 A1 和 A2 的硬件 ID 不同（如网卡 MAC），但是操作系统 ID 和配置完全一致（如计算机名、IP 地址等）。如果计算机间的一些应用和操作系统 ID 相关，则会导致该应用出错或不成功，因此通常克隆的计算机还必须手动修改系统 ID，在活动目录环境中，计算机的系统 ID 不允许相同，因此克隆的计算机必须修改系统 ID 信息。克隆有两种方式：完整克隆和链接克隆。

（1）完整克隆

完整克隆相当于拷贝源虚拟机的硬盘文件（.vmdk），并新创建一个和源虚拟机相同配置的硬件配置信息，完整克隆的虚拟机大小和源虚拟机大小相同。

由于克隆的虚拟机有自己独立的硬盘文件和硬件信息文件，因此克隆虚拟机和被克隆虚拟机被系统认为是两个不同虚拟机，它们可以被独立运行和操作。

由于克隆的虚拟机和源虚拟机的系统 ID 相同，通常克隆后都要修改系统 ID。

（2）链接克隆

链接克隆要求源虚拟机创建一个快照，并基于该快照创建一个虚拟机。如果源虚拟机已经有了多个快照，链接克隆也可以选择一个历史快照创建新虚拟机。

链接克隆由于采用快照方式创建新虚拟机，因此新建的虚拟机磁盘文件大小很小。类似于差异存储技术，该磁盘文件仅保存后续改变的数据。

链接克隆需要的磁盘空间明显小于完整克隆，如果克隆的虚拟机数量太多，那么由于所有的克隆虚拟机都要访问被克隆虚拟机的磁盘文件，大量虚拟机同时访问该磁盘文件将会导致系统性能下降。

由于克隆的虚拟机和源虚拟机的系统安全标识符（Security Identifiers，SID）相同，通常克隆后都要修改系统 SID。

SID 是标识用户、组和计算机账户的唯一的号码。在第一次创建该账户时，将给网络上的每一个账户发布一个唯一的 SID。

如果存在两个同样 SID 的用户，这两个账户将被鉴别为同一个账户，但是如果两台计算机是通过克隆得来的，那么它们将拥有相同的 SID，在域网络中将会导致无法唯一识别这两台计算机，因此克隆后的计算机需要重新生成一套 SID 以区别于其他的计算机。

用户可以通过在命令行界面中输入"whoami /user"命令查看 SID，如图 1-2 所示。

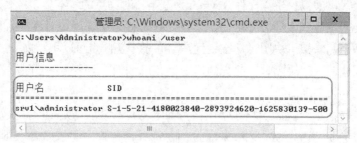

图 1-2 查看 SID

项目分析

通过在一台普通计算机安装 VMware Workstation 10.0，配置虚拟网卡 VMnet1 和 VMnet2 即达到公司 VLAN1 和 VLAN2 的虚拟网络环境要求，其中 VLAN1 对应 VMnet1，VLAN2 对应 VMnet2。

在 VMware Workstation 上创建虚拟机，并命名为【win2012 母盘】，并通过 Windows Server 2012 安装盘按向导安装 Windows Server 2012 操作系统，完成第一台虚拟机的安装。通过 VMware Workstation 的克隆技术可以快速完成域服务器和网关服务器的安装。

同理，可在 VMware Workstation 上创建虚拟机，并命名为【win8 母盘】，并通过 Windows 8 安装盘按向导安装 Windows 8 操作系统，完成虚拟机的安装。通过 VMware Workstation 的克隆技术可以快速完成客户机的安装。

项目实现步骤如下：

（1）将【win2012 母盘】链接克隆出两台新虚拟机：【域服务器】和【网关服务器】；将【win8 母盘】链接克隆出一台虚拟机：【客户机】。

（2）将【域服务器】的网卡连接到 VMnet1，启动该虚拟机，并修改系统 SID，配置网络适配器的 IP 地址和网关。

（3）增加【网关服务器】虚拟机网卡为 2 个，并配置其中一块网卡连接到 VMnet1，另一块连接到 VMnet2，启动该虚拟机，并修改系统 SID，配置网络适配器的 IP 地址，启用【LAN 路由】。

（4）将【客户机】的网卡连接到 VMnet2，启动该虚拟机，并修改系统 SID，配置网络适配器的 IP 地址和网关。

（5）测试【客户机】和【域服务器】的连通性。

项目操作

1．链接克隆虚拟机

（1）打开【VMware Workstation】软件，右键单击【win2012 母盘】，在弹出的快捷菜单中依次选择【管理】【克隆】，如图 1-3 所示。

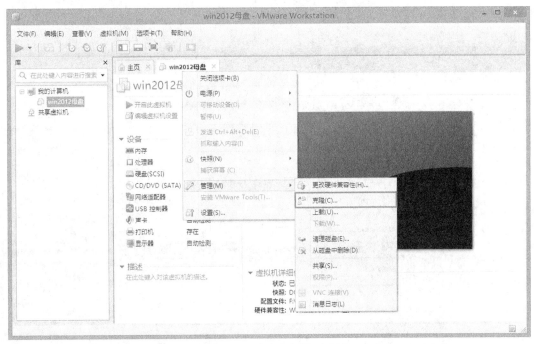

图 1-3　打开【克隆虚拟机向导】

（2）在弹出的【欢迎使用克隆虚拟机向导】中单击下一步按钮，在【克隆自】中选择【虚拟机中的当前状态】，如图 1-4 所示。

（3）在【克隆类型】中选择【创建链接克隆】，如图 1-5 所示。

（4）输入【新虚拟机名称】并选择【新虚拟机位置】，如图 1-6 所示。

（5）单击【完成】按纽，完成链接虚拟机的创建，如图 1-7 所示。

（6）使用同样的方式，在【win2012 母盘】链接克隆出【网关服务器】虚拟机。

（7）使用同样的方式，在【win8 母盘】链接克隆出【客户机】虚拟机。

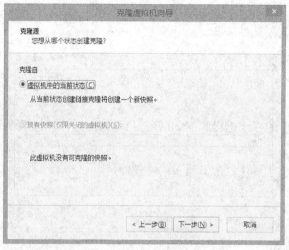

图 1-4　选择【克隆源】

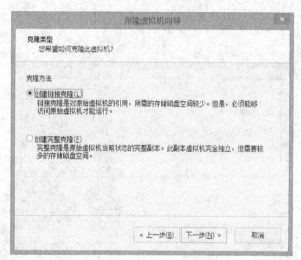

图 1-5　选择【克隆类型】

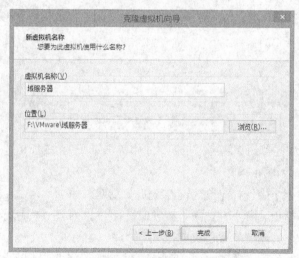

图 1-6　【新虚拟机名称】及【位置】

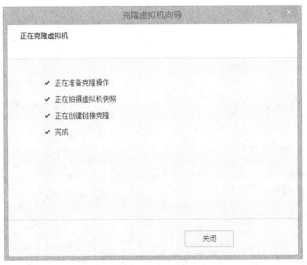

图 1-7　完成链接虚拟机的创建

2. 修改系统 SID 和配置网络适配器

（1）右键单击【VMware Workstation】中的【域服务器】虚拟机，在弹出的快捷菜单中选择【设置】，在弹出的对话框中选择【网络适配器】并将【网络连接】改成【VMnet1】，如图 1-8 所示。

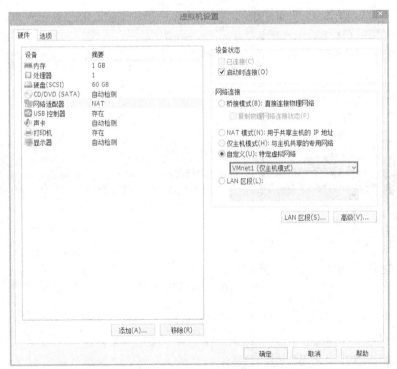

图 1-8　修改【虚拟机设置】

（2）启动【域服务器】虚拟机。

（3）打开【命令提示符】，输入 "cd c:\windows\system32\sysprep"，再输入【sysprep】，在弹出的【系统准备工具 3.14】中勾选【通用】复选框，重新生成 SID，如图 1-9 所示。

（4）系统重新启动完成之后，右键单击任务栏上的【开始图标】，在弹出的快捷菜单中选择【网络连接】，在弹出的【网络连接】对话框中选择【Ethernet0】网卡，并设置其 IP 地址为"10.1.1.1"，子网掩码为"255.255.255.0"，默认网关为"10.1.1.254"，如图 1-10 所示。

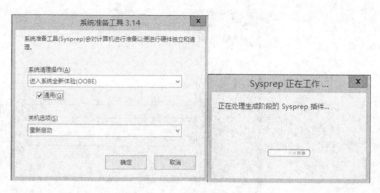

图 1-9　重新生成 SID

（5）使用同样的方式，在【网关服务器】虚拟机中再添加一块网卡，第一块网卡的【网络连接】改成【VMnet1】；第二块网卡的【网络连接】改成【VMnet2】。

（6）将【网关服务器】虚拟机开机并重新生成 SID。

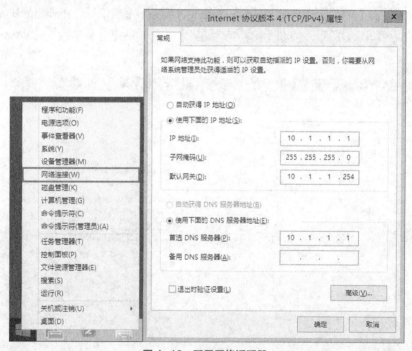

图 1-10　配置网络适配器

（7）配置【网关服务器】虚拟机【Ethernet0】网卡 IP 地址为"10.1.1.254"，子网掩码"255.255.255.0"，默认网关为空；【Ethernet1】网卡 IP 地址为"10.1.2.254"，子网掩码为"255.255.255.0"，默认网关为空。

（8）使用同样的方式，将【客户机】网卡的【网络连接】改成【VMnet1】。

（9）将【客户机】虚拟机开机并重新生成 SID。

（10）配置【Ethernet0】网卡，设置其 IP 地址为"10.1.2.1"，子网掩码为"255.255.255.0"，默认网关为"10.1.2.254"。

3．启用【LAN 路由】

（1）在【网关服务器】的【服务器管理器】主窗口下，单击【添加角色和功能】，在【选择服务器角色】中勾选【远程访问】复选框，在【选择服务角色】中勾选【路由】复选框并添加其所需要的功能，如图 1-11、图 1-12 所示。

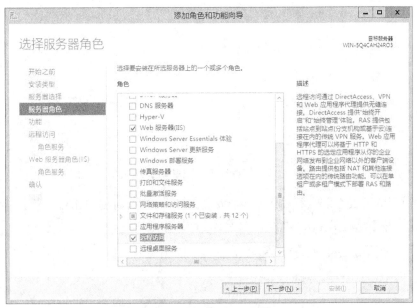

图 1-11　选择【服务器角色】

（2）在【服务器管理器】主窗口下，单击【工具】，选择【路由和远程访问】，在弹出的【路由和远程访问】界面中右键单击，在弹出的快捷菜单中选择【配置并启用路由和远程访问】，如图 1-13 所示。

图 1-12　选择【角色服务】

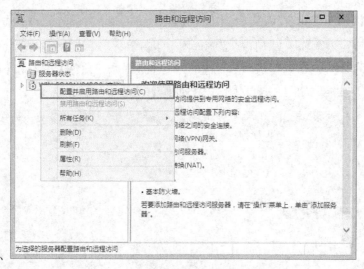

图 1-13　【配置并启用路由和远程访问】

（3）在弹出的【路由和远程访问服务器安装向导】对话框中选择【自定义】并勾选【LAN 路由】复选框并【启动服务】，如图 1-14 所示。

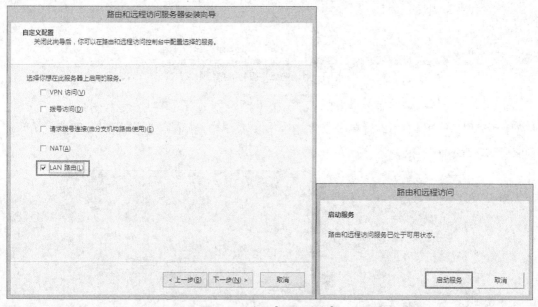

图 1-14　启用【LAN 路由】

项目验证

测试【客户机】和【域服务器】的连通性。

（1）在【客户机】中打开【命令提示符】并输入"ping 10.1.1.1"测试能否和【域服务器】通信，测试结果显示，【客户机】是能够和【域服务器】进行通信的，如图 1-15 所示。

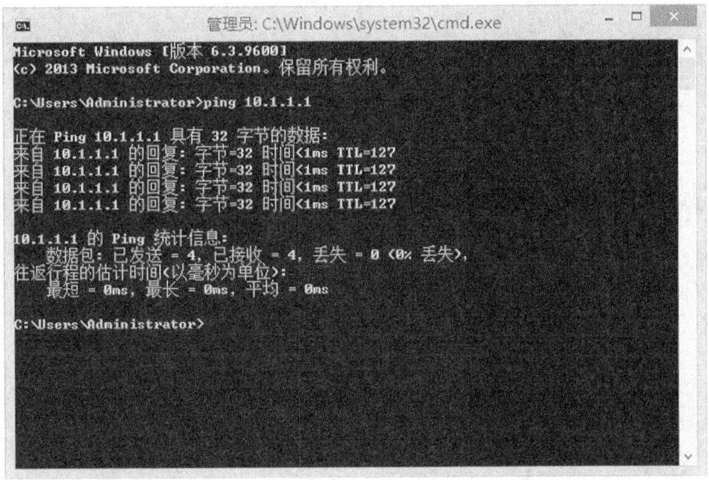

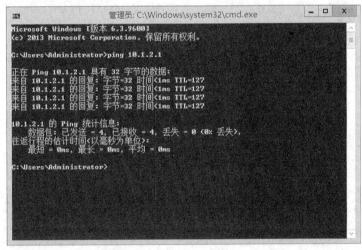

图 1-15　测试连通性

（2）在【域服务器】中打开【命令提示符】并输入"ping 10.1.2.1"测试能否和【客户机】通信，测试结果显示，【域服务器】是能够和【客户机】进行通信的，如图 1-16 所示。

图 1-16　测试连通性

第 3 部分
活动目录实战环境搭建

PART 2

项目 2
构建林中的第一台
域控制服务器

项目描述

EDU 公司拟通过 Windows Server 2012 域管理公司用户和计算机，网络管理部为让部门员工尽快熟悉 Windows Server 2012 域环境，将在一台新安装的 Windows Server 2012 服务器上建立公司的第一台域控制器。为此，公司还针对公司域名称做出以下要求。

（1）域控制器名称为：DC1。

（2）域名为：edu.cn。

（3）域的简称为：EDU。

（4）域控制器 IP 为：192.168.1.1/24。

公司网络拓扑如图 2-1 所示。

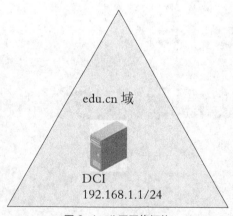

edu.cn 域

DCI
192.168.1.1/24

图 2-1 公司网络拓扑

相关知识

公司部署活动目录的第一步是创建公司的第一台域控制器。如果公司已向互联网申请了域名，那么就会在 AD 中也用该域名，在本项目中，公司的根域是 edu.cn。

要将一台 Windows Server 2012 服务器升级为公司的第一台域控制器，那么这台域控制器就是该公司所创建的第一棵树的树根，同时也是公司域的林根。

项目分析

将一台 Windows Server 2012 服务器按项目要求配置好主机名、IP 地址。同时，由于域控制器还作为公司的 DNS 服务器，因此还需要将自身的 DNS 地址指向本身。然后，在【服务器管理器】中添加【Active Directory 域服务】角色和功能，按向导创建林中的第一台域控制器，同时，按项目要求输入域的相关信息即可完成公司第一台域控制器的创建。

项目操作

升级为域控制器。

（1）在【DC1】上配置【IP 地址】为"192.168.1.1/24"。

（2）在【服务器管理器】主窗口下，单击【添加角色和功能】，勾选【Active Directory 域服务】复选框并添加其所需要的功能，如图 2-2 所示。

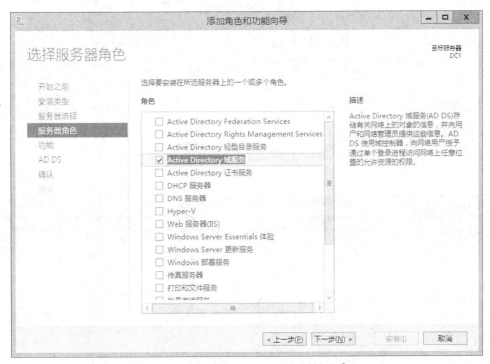

图 2-2　勾选【Active Directory 域服务】

（3）等待安装完成之后，在【服务器管理器】中会多一个黄色叹号，单击该标识，在其下拉菜单中单击【将此服务器提升为域控制器】，如图 2-3 所示。

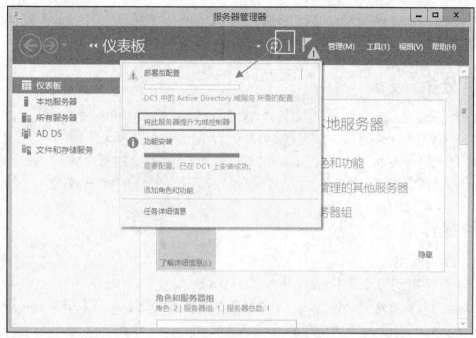

图 2-3 【服务器管理器】

（4）在弹出的配置向导中，选择【添加新林】并输入【根域名】，如图 2-4 所示。

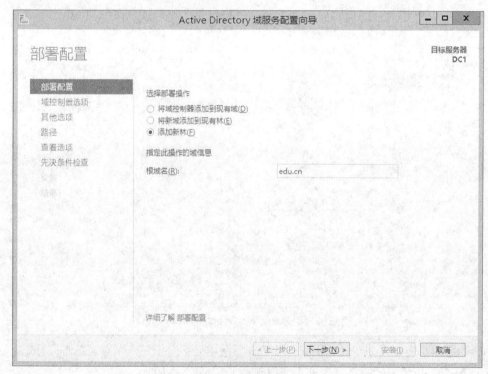

图 2-4 【部署配置】

① 将域控制器添加到现有域：该选项用于将服务器提升为额外域只读域控制器。

② 将新域添加到现有林：该选项用于将服务器提升为现有林中某个域的子域，或提升为

现有林中新的域树。

③ 添加新林：该选项用于将服务器提升为新林中的域控制器。

④ 根域名：一般采用企业在互联网注册的根域名。

（5）在【域控制器选项】中的【林功能级别】和【域功能级别】均选择为【Windows Server 2008 R2】，输入【目录服务还原模式（DSRM）密码】，如图 2-5 所示。

图 2-5　【域控制器选项】

① 林功能级别：若将林功能级别设置为 Windows Server 2008 R2，那么域功能级别必须在 Windows Server 2008 R2 或以上，同时整个域里的域控制器必须为 Windows Server 2008 R2 或以上。

② 域功能级别：若将域功能级别设置为 Windows Server 2008 R2，那么作为该域控制器的额外或只读域控制器必须为 Windows Server 2008 R2 或以上。

（6）因为还没创建 DNS 所以不能委派，我们也不需要委派，直接下一步。

（7）NetBIOS 域名，默认即可。

（8）域安装的路径，默认即可。

（9）【查看选项】查看是否和配置的一致。

（10）【先决条件检查】通过，单击【安装】开始安装。

（11）安装完成之后，会自动重启计算机，如图 2-6 所示。

（12）安装完成之后，需要使用域管理员用户登录，如图 2-7 所示。

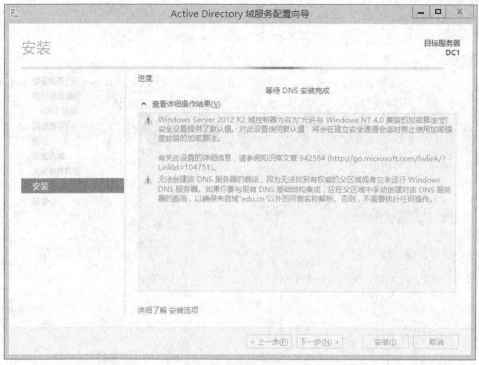

图 2-6　域控制器安装

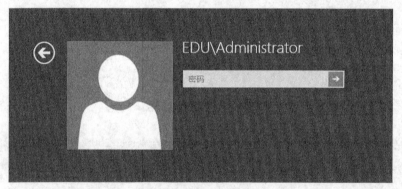

图 2-7　登录到 EDU 域

项目验证

如何验证域服务器是否安装成功？

1. 看 3 个服务工具是否成功。

（1）查看【Active Directory 用户和计算机】服务工具是否正常。在【服务器管理器】主窗口下，单击【工具】打开【Active Directory 用户和计算机】，如图 2-8 所示。

（2）查看【Active Directory 域和信任关系】服务工具是否正常。在【服务器管理器】主窗口下，单击【工具】打开【Active Directory 域和信任关系】，如图 2-9 所示。

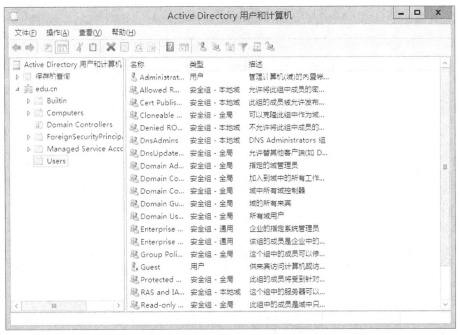

图 2-8 【Active Directory 用户和计算机】

图 2-9 【Active Directory 域和信任关系】

（3）查看【Active Directory 站点和服务】服务工具是否正常。在【服务器管理器】主窗口下，单击【工具】打开【Active Directory 站点和服务】，如图 2-10 所示。

2．在运行框中输入"\\edu.cn"，查看共享，如图 2-11 所示。

3．查看 DNS 是否自动创建相关记录，如图 2-12 所示。

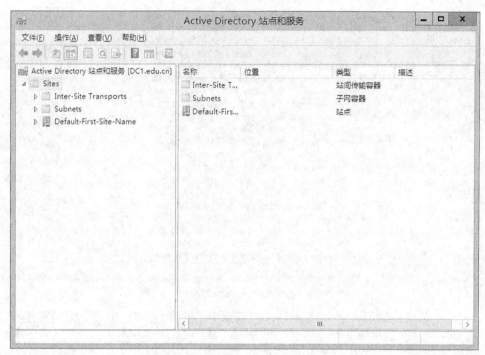

图 2-10 【 Active Directory 站点和服务 】

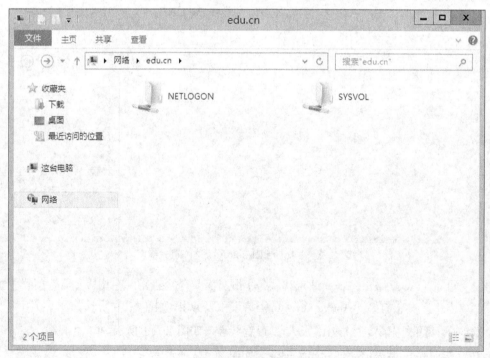

图 2-11 查看共享

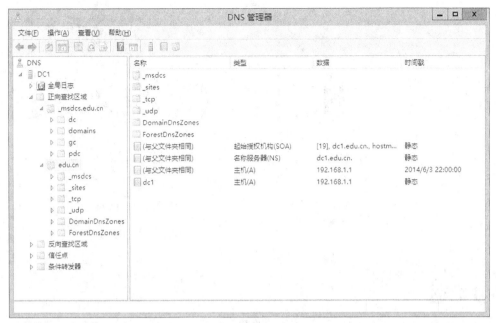

图 2-12　查看 DNS 记录

习题与上机

一、简答题

（1）域功能级别和林功能级别分别指的是什么？

（2）为什么域文件系统必须为 NTFS？

二、项目实训题

（1）项目背景

以学生姓名简写（拼音的首字母）.cn 为域名建立自己的公司域，采用的 IP 地址段统一为 10.x.y/24（x 为班级编号，y 为学号）

（2）项目要求

配置林中的第一台域控制器，截取 AD 域控制器的 DNS 界面视图、AD 用户和计算机界面视图，并截取实验结果。

项目拓扑如图 2-13 所示。

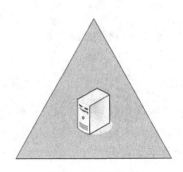

图 2-13　项目拓扑

PART 3

项目 3
将用户和计算机加入到域

项目描述

EDU 公司已经将 Windows Server 2012 提升为 edu.cn 的域控制器，公司网络管理部为实现全公司用户和计算机的统一管理，将首先在部门内部进行试点运行。

网络管理部拥有普通员工和实习员工，公司规定实习员工只能在工作时间使用公司计算机，而普通员工不受限制。

网络管理部网络拓扑如图 3-1 所示。

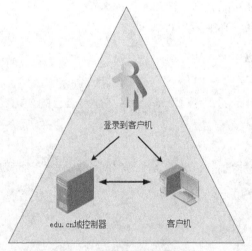

图 3-1　网络管理部网络拓扑

相关知识

在非域环境，用户通过客户机的内部账户进行登录和使用该客户机，如果一个员工需要使用多台客户机，那么就必须在这些客户机上都创建一个账户供该员工使用。如果面对大量的员工，那么网络管理员就需要管理大量客户机上大量的账户，此时最为简单的操作都需要花费管理员大量的时间，如更改员工的账户密码。

在域环境，对于客户机，域管理员会将公司的客户机都加入到域，为防止员工脱离域使用客户机往往会禁用客户机的所有账户；对于员工，域管理员会为每一位员工创建一个域账户，员工使用自己的域账户可以登录到任何客户机。在实际应用中，如果需要限制用户仅能使用特定客户机，或者仅能在特定时间使用客户机，都可以在域用户管理中直接进行配置部署，而无需在客户机上做任何操作。

项目分析

在本项目中，域管理员应将客户机加入到域，并且禁用该计算机的所有用户，以确保员工仅能通过域账户使用该计算机；同时，在域控制器为管理部员工创建用户账户，并根据员工信息补充完整域账户信息，并针对实习员工账户的使用时间设定为周一～周五的 9:00～17:00。

项目操作

1．将计算机添加到 edu.cn 域中

（1）在【win8-01】计算机中配置【IP 地址】为 "192.168.1.101/24"，【DNS】指向 "192.168.1.1"。

（2）在【win8-01】计算机中右键单击桌面上的【这台电脑】，在弹出的快捷菜单中选择【属性】，在弹出的对话框中选择【更改设置】，在弹出的对话框中选择【更改】，再在弹出的对话框中的【隶属于】中选择【域】并输入 "edu.cn" 这个域名，然后单击【确定】。在弹出的【Windows 安全】对话框中输入域管理员 "administrator" 及密码，然后单击【确定】，弹出【欢迎加入 edu.cn 域】并根据提示重启计算机，完成加入过程，如图 3-2 所示。

图 3-2　加入域

2．为员工创建域账户

（1）在【服务器管理器】主窗口下，单击【工具】打开【Active Directory 用户和计算机】，创建普通员工用户"tom"，如图 3-3 所示。

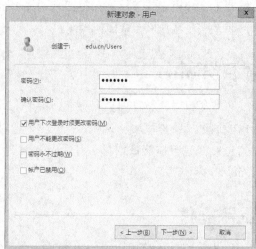

图 3-3　创建普通员工用户"tom"

（2）使用同样的方式，创建实习员工用户"jack"。

3．限制实习员工登录到域的时间

在【服务器管理器】主窗口下，单击【工具】打开【Active Directory 用户和计算机】，找到实习员工用户"jack"，右键单击，在弹出的快捷菜单中选择【属性】，在弹出的对话框中找到【账户】选择【登录时间】，设置只允许"jack"在上班时间（周一～周五的 9:00～17:00）才能登录到域中，如图 3-4 所示。

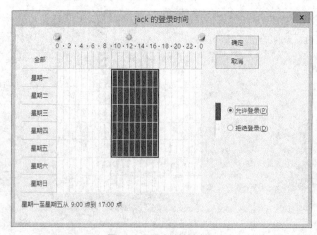

图 3-4　限制登录时间

项目验证

（1）在【win8-01】计算机中使用普通员工用户"tom"登录，如图 3-5 所示，【win8-01】

代表登录到本地计算机。要登录到域中，必须切换用户且在登录时能看到【登录到：EDU】，如图3-6所示。

图 3-5　登录到本机

图 3-6　登录到 EDU 域

（2）单击【登录】时提示【必须更改用户的密码】，更改完密码后正常登录到域，如图3-7、图3-8、图3-9所示。

图 3-7　提示更改密码

图 3-8　更改密码

图 3-9　域用户登录成功

（3）在非上班时间，使用"jack"登录域，提示由于时间限制，登录失败，如图3-10所示。

图 3-10　限制登录时间

习题与上机

一、简答题

（1）默认普通用户可以将计算机添加到域的数量是多少？

（2）如果限制用户登录时间为每天 18 点，当时间到达 18 点时，会怎样？

（3）当网络处于脱机状态时，能否登录到域中？

（4）加入域时，能否将 DNS 地址填写为互联网的 DNS 地址？

（5）能否将 Linux 操作系统添加到域中？

二、项目实训题

（1）项目背景

以学生姓名简写（拼音的首字母）.cn 为域名建立自己的公司域，采用的 IP 地址段统一为 10.x.y/24（x 为班级编号，y 为学号）。

（2）项目要求

将客户机添加到域中，限制域用户"jack"只能在周一～周五的 9:00～18：00 登录域，并截取实验结果。

项目拓扑如图 3-11 所示。

图 3-11　项目拓扑

项目描述

EDU 公司已经将 Windows Server 2012 提升为 edu.cn 的域控制器，同时，也将计算机加入到了 edu.cn 域中。

公司运营期间，域控制器曾经出现故障。在域控制器出现故障期间导致了公司所有用户都无法使用计算机，使得公司业务和生产系统停滞，经济损失严重。公司希望新增加一台额外域控制器，在主域控制器出现故障时能接管其工作以保障公司业务和生产系统的可靠性。

公司网络拓扑如图 4-1 所示。

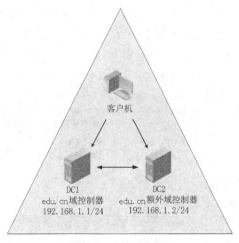

客户机

DC1
edu.cn域控制器
192.168.1.1/24

DC2
edu.cn额外域控制器
192.168.1.2/24

图 4-1 公司网络拓扑

相关知识

1. 额外域控制器

域控制器在活动目录中的作用是非常重要的，出于数据备份和负载分担的目的，在一个域中应该至少安装两台 DC，这样可以避免由于 DC 的单点故障所引发的一系列问题。

安装额外域控制器的过程实质上是域信息的复制过程，安装额外域控制器的过程会将活动目录的所有信息进行复制，并最终同第一台域控制器数据完全一致。此时，如果主域控制器宕机，活动目录不会失效，域的工作可以交由额外域控制器进行，因此额外域控制器在活动目录中起到数据备份、负载分担的作用。

2．全局编录

一个域的活动目录只能存储该域的信息，相当于这个域的目录。而当一个目录林中有多个域时，由于每个域都有一个活动目录，因此如果一个域的用户要在整个目录林范围内查找一个对象时就需要搜索目录林中的所有域，这时，全局编录（Global Catalog，GC）就起到作用了。

全局编录相当于一个总目录，就像一套丛书中有一个总目录一样，在全局编录中存储了已有活动目录对象的子集，默认情况下，存储在全局编录的对象属性是那些经常用到的内容，而非全部属性。整个目录林会共享相同的全局编录信息。此时，如果一个域中的用户进行查找，就可以依托这个总目录快速找到所要查找的对象了。

全局编录存放在全局编录服务器上，全局编录服务器必须是一台域控制器，在 Windows Server 2012 中，默认情况下域中的所有域控制器都是全局编录服务器。GC 中的对象包含访问权限，用户只能看见有访问权限的对象，如果一个用户对某个对象没有权限，在查找时将看不到这个对象。

项目分析

通过将另一台 Windows Server 2012 服务器提升为额外域控制器，并将计算机的首选 DNS 指向【DC1】域控制器，备用 DNS 指向【DC2】额外域控制器，当【DC1】域控制器发生故障，【DC2】额外域控制器可以负责域名解析和身份验证等工作，从而实现不间断服务。

项目操作

将【DC2】提升为额外域控制器。

（1）在【DC2】上配置【IP 地址】为 "192.168.1.2/24"，【DNS】指向【DC1】的 "192.168.1.1"。

（2）在【服务器管理器】主窗口下，单击【添加角色和功能】，勾选【Active Directory 域服务】复选框并添加其所需要的功能。

（3）等待安装完成之后，在【服务器管理器】中会多一个黄色叹号，单击该标识，在其下拉菜单中单击【将此服务器提升为域控制器】。

图 4-2　输入凭据、选择域

（4）在弹出的配置向导中，选择【将域控制器添加到现有域】，在【指定域操作的域信息】中单击【选择】，在弹出的对话框中输入"edu\administrator"及密码，在弹出的【从林中选择域】中选择【edu.cn】，如图4-2所示。

（5）选择完成之后，下一步，如图4-3所示。

图4-3 【部署配置】

（6）在【域控制器选项】中输入【目录服务还原模式（DSRM）密码】，如图4-4所示。

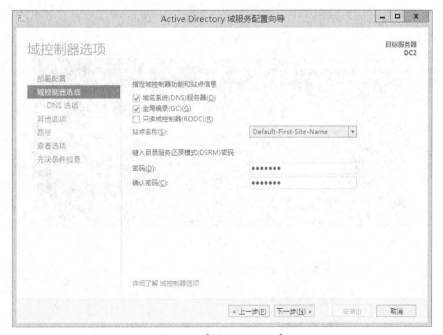

图4-4 【域控制器选项】

（7）因为还没创建 DNS 所以不能委派，我们也不需要委派，直接下一步。

（8）【其他选项】中使用默认值，直接下一步。

（9）域安装的路径，默认即可。

（10）【查看选项】查看是否和配置的一致。

（11）【先决条件】检查通过，单击安装开始安装。

（12）安装完成之后，会自动重启计算机，如图 4-5 所示。

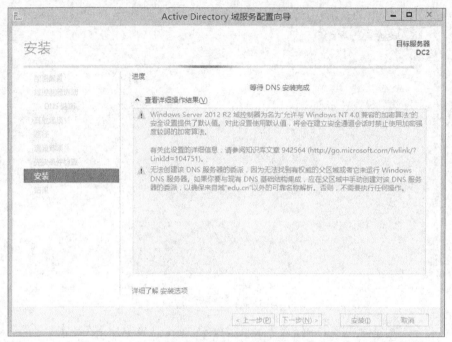

图 4-5　域控制器安装

（13）安装完成之后，需要使用域管理员用户登录，如图 4-6 所示。

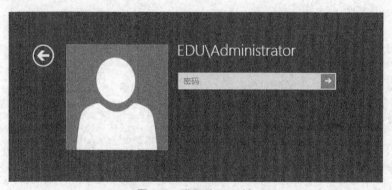

图 4-6　登录到 EDU 域

（14）在【DC2 额外域控制器】中创建一个用户 "user02"。

（15）切换到【DC1 域控制器】中查看刚刚在【DC2】创建的用户，如图 4-7 所示。

图 4-7　查看 user02 是否创建

项目验证

（1）在【win8-01】上配置【首选】为"192.168.1.1"，【备用 DNS】为"192.168.1.2"。

（2）将【DC1 域控制器】暂时关闭。

（3）在【win8-01】上使用"user02"登录域，观察是否能够登录，结果是可以登录成功的，这样就可以提供 AD 的不间断服务了，如图 4-8 所示。

图 4-8　user02 登录成功

（4）在【服务器管理器】主窗口下，单击【工具】打开【Active Directory 站点和服务】，依次展开【Sites】→【Default-First-Site-Name】→【Servers】→【DC2】→【NTDS Settings】，右键单击，在弹出的快捷菜单中选择【属性】，如图 4-9 所示。

（5）在弹出的对话框中将【全局编录】复选框取消勾选，如图 4-10 所示。

（6）在【服务器管理器】主窗口下，单击【工具】打开【Active Directory 用户和计算机】，展开【Domain Controllers】，可以看到【DC2】的【DC 类型】由之前的【GC】变为现在的【DC】，如图 4-11 所示。

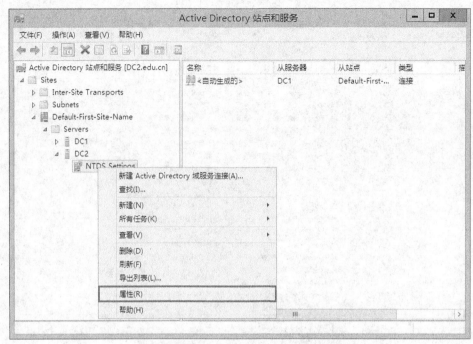

图 4-9 【Active Directory 站点和服务】

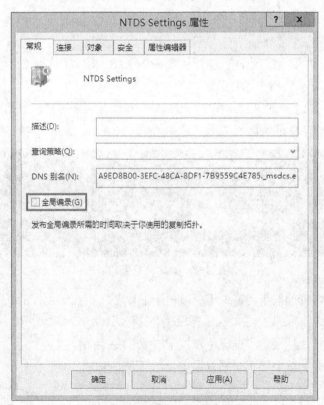

图 4-10 取消【全局编录】

图 4-11　查看【DC 类型】

习题与上机

一、简答题

（1）额外域控制器有什么具体的作用？

（2）额外域控制器没有启用 GC，能进行域用户身份验证吗？

（3）域控制器和额外域控制器能否处于不同网段？

（4）额外域控制器和只读域控制器有什么区别？

二、项目实训题

（1）项目背景

以学生姓名简写（拼音的首字母）.cn 为域名建立自己的公司域，采用的 IP 地址段统一为 10.x.y/24（x 为班级编号，y 为学号）。

（2）项目要求

将 DC2 配置为额外域控制器，在额外域控制器创建一个新账号，将主域控制器关闭，尝试在客户机上登录，并截取实验结果。

项目拓扑如图 4-12 所示。

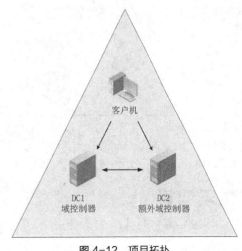

图 4-12　项目拓扑

PART 5

项目 5
子域的加入、域的删除

项目描述

根据 EDU 公司业务拓展需求，需要在广州设立子公司。为实现子公司资源的统一管理，公司决定在广州子公司部署 gz.edu.cn 这个子域，从而实现父域、子域的相互通信，为此，公司还针对子公司做出以下要求。

（1）域控制器名称为：GZDC1。

（2）域名为：gz.edu.cn。

（3）域的简称为：GZ。

（4）域控制器 IP 为：192.168.1.11/24。

公司网络拓扑如图 5-1 所示。

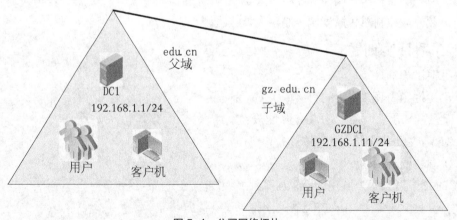

图 5-1　公司网络拓扑

相关知识

对于存在分支机构或子公司的企业的域管理中，如果分支机构/子公司的管理与总公司存在较大差别，并且资源也是相对独立，那么通常建议设立一个独立区域（子域）来进行自主管理，也就是在现有域下安装一个子域，从而形成域树的逻辑结构。

创建子域通常用于以下几种情况：

（1）一个已经从公司中分离出来的独立经营的子公司。

（2）有些公司的部门或小组基于对特殊技术的需要，而与其他部门相对独立地运行。

（3）基于安全的考虑。

创建子域的好处主要有以下几个方面：

（1）便于管理自身的用户和计算机，并允许采用不同于父域的管理策略。

（2）有利于子域资源的安全管理。

在父子域环境中，由于父子域间会建立双向可传递的父子信任关系，因此父域用户默认可以使用子域的计算机；同理，子域用户也可以使用父域的计算机，如图 5-2 所示。

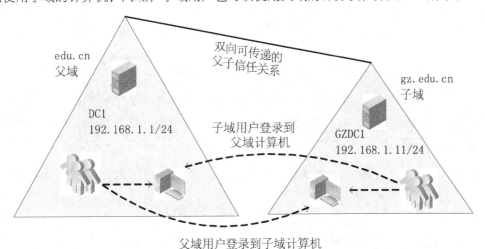

图 5-2　父域和子域的用户交互登录

项目分析

通过在广州子公司的一台 Windows Server 2012 服务器中添加【Active Directory 域服务】，按向导创建广州子公司的第一台域控制器，即可完成公司广州子域的创建。

项目操作

1．安装子域域控制器

（1）在【GZDC1】上配置【IP 地址】为 "192.168.1.11/24"，【首选 DNS】为 "192.168.1.11"（树根域 IP），【备选 DNS】为 "192.168.1.1"（林根域 IP）。

（2）在【服务器管理器】主窗口下，单击【添加角色和功能】，勾选【Active Directory 域服务】复选框，并按向导完成安装。

（3）安装完成之后，在【服务器管理器】中会多一个黄色叹号，单击该标识，在其下拉菜单中单击【将此服务器提升为域控制器】，如图 5-3 所示。

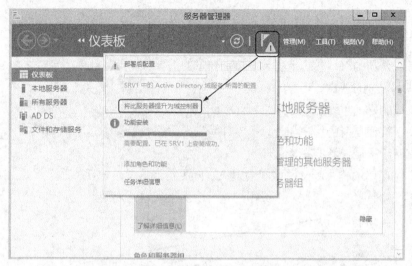

图 5-3　选择【将此服务器提升为域控制器】

（4）在弹出的配置向导中，选择【将新域添加到现有林】,【选择域类型】为【子域】，在【父域名】中输入父域名 "edu.cn"，新域名为 "GZ"，单击【选择】，在弹出的对话框中输入 "edu\administrator" 及密码，如图 5-4 所示。

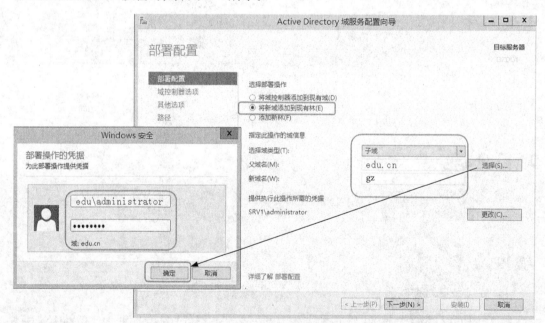

图 5-4　输入凭据、选择域

（5）在【域控制器选项】中的【域功能级别】选择为【Windows Server 2008 R2】，输入【目录服务还原模式(DSRM)密码】，如图 5-5 所示。

（6）【DNS 选项】使用默认设置，直接下一步。

（7）NetBIOS 域名，默认即可。

（8）域安装的路径，默认即可。

（9）【查看选项】查看是否和配置的一致。

（10）【先决条件】检查通过，单击【安装】开始安装。

（11）安装完成之后，会自动重启计算机，如图 5-6 所示。

图 5-5 【域控制器选项】

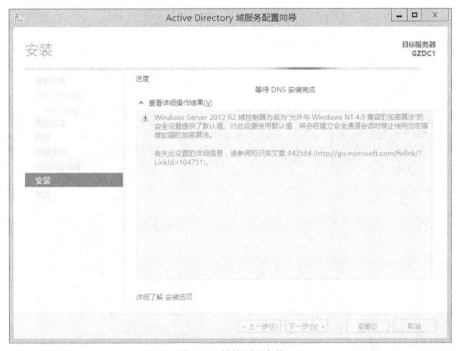

图 5-6 域控制器安装

（12）安装完成之后，需要使用域管理员用户登录，如图 5-7 所示。

图 5-7 登录到 GZ 子域

2．域的删除

（1）在【GZDC1】的【服务器管理器】主窗口下，单击【管理】选择【删除角色和功能】，如图 5-8 所示。

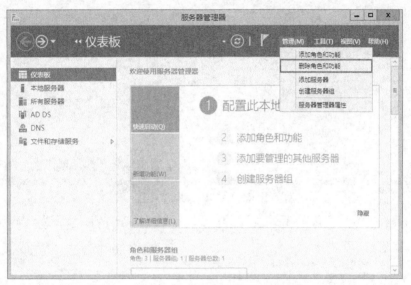

图 5-8 删除角色和功能

（2）在弹出的【删除服务器角色】中将【Active Directory 域服务】复选框取消勾选，这时会弹出【删除角色和功能向导】对话框，如图 5-9 所示。

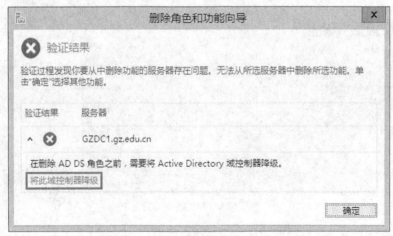

图 5-9 【删除角色和功能向导】

（3）在弹出的【Active Directory 域服务配置向导】中更改【凭据】，使用【edu\admnistrator】，勾选【域中的最后一个域控制器】复选框，如图 5-10 所示。

> **注意：** 子域是一个独立的域树，如果将子域的最后一台域控制器降级，那么这个域控制器显然是子域（域树）中的最后一个域控制器，因此这个选项应该勾选上。如果将子域的一台额外域控制器降级，那么这台额外域控制器并不是最后一台域控制器，所以这个选项不能选取。

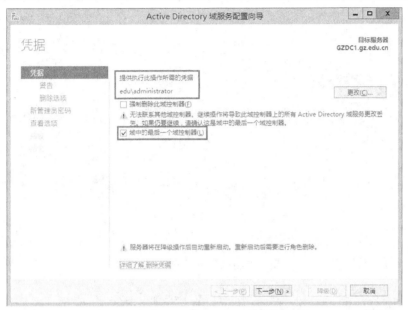

图 5-10 【Active Directory 域服务配置向导】

（4）在【警告】对话框中勾选【继续删除】复选框，然后下一步，如图 5-11 所示。

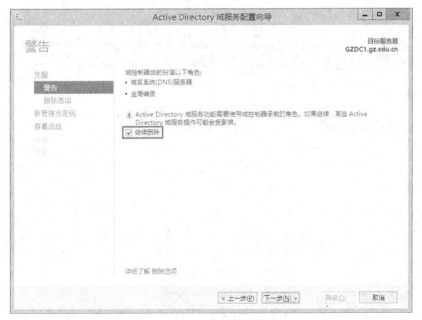

图 5-11 勾选【继续删除】

（5）在【删除选项】对话框中勾选【删除此 DNS（这是承载该区域的最后一个 DNS 服务器）】和【删除应用程序分区】复选框，然后下一步，如图 5-12 所示。

（6）在【新管理员密码】中设置管理员密码，然后下一步。

（7）【查看选项】查看是否和配置的一致，然后单击【降级】，系统稍后会重启，完成域的降级，如图 5-13 所示。

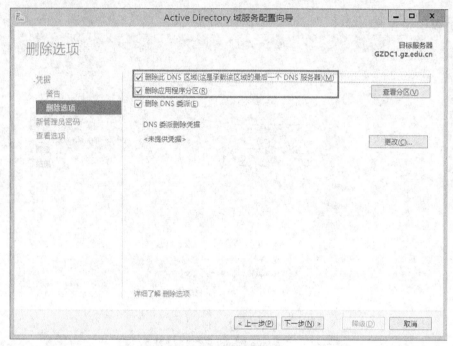

图 5-12　【删除选项】

图 5-13　降级

（8）系统重启后，【Active Directory 域服务】和【DNS 服务器】就可以被移除了。

项目验证

（1）在【GZDC1】上创建用户"user11"。

（2）在【win8-01】上使用"user11"登录域，如图 5-14 所示。

图 5-14　"user11"登录

（3）在【win8-01】上登录成功，如图 5-15 所示。

图 5-15　"user11"登录成功

（4）在【服务器管理器】主窗口下，单击【工具】打开【Active Directory 域和信任关系】，查看父域和子域的信任关系，如图 5-16 所示。

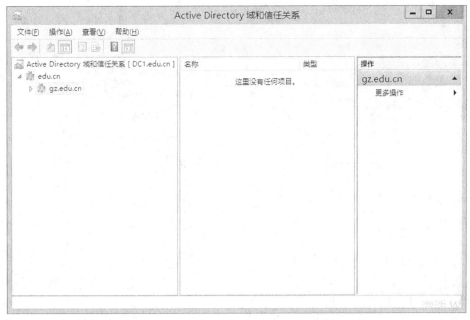

图 5-16　【Active Directory 域和信任关系】

习题与上机

一、简答题

（1）子域下能否再创建子域？

（2）父域的用户能否在子域的计算机中登录？

（3）父域和子域的信任关系能否自动创建？

（4）删除子域是否需要父域控制器管理员授权？

（5）创建了子域之后子域能否自动创建 DNS？

二、项目实训题

（1）项目背景

以学生姓名简写（拼音的首字母）.cn 为域名建立自己的公司域，采用的 IP 地址段统一为 10.x.y/24（x 为班级编号，y 为学号）。

（2）项目要求

① 创建子域，用父域的用户测试能否登录子域客户机（子域信任父域）；用子域的用户测试能否登录父域客户机（父域信任子域），并截取实验结果。

② 删除额外域和子域，并查看林根域控制器的 DNS 记录，并通对比对删除前的记录，找到差异的地方，说明原因。

项目拓扑如图 5-17 所示。

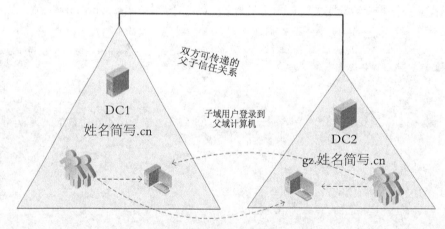

图 5-17　项目拓扑

第 4 部分

管理域用户和组

项目 6
修改用户的密码策略

项目描述

    EDU 公司已经使用域环境一段时间了，但是许多员工反映使用复杂密码非常的麻烦，这样一来给员工工作带来一定的麻烦，为此公司重新制定了一套密码策略方案，方案如下：

（1）取消复杂密码限定。

（2）密码长度不能低于 6 位。

（3）密码使用期限无限制。

（4）员工 5 次输入密码错误，将锁定账户 30 分钟。

相关知识

1. 关于计算机操作系统的密码

    要使用 Windows 操作系统，必须输入有效的用户账号和密码，在系统验证无误后才可以使用，并且默认情况下可以访问和使用大部分资源。由此可见，用户账户对操作系统来说是非常重要的。而如果是域用户账户，则显得更为重要，因为通过它可以访问域中的大部分计算机和资源。因此要保证网络中的数据安全，首先要确保网络中的账户安全。

    针对客户机，域管理员通常会对客户机的账户做如下处理：

（1）只保留必须的账号，删除或禁用不使用的账户。

（2）重命名敏感用户账户，如 Administrator、Guest 以及其他一些在安装软件或服务时（如 IIS 和终端服务）自动建立的账号。

（3）对于用户账户仅配置能满足他们完成工作的最小权限。

（4）实施严格的密码策略，阻止对密码的暴力攻击。

    针对域的用户密码，域管理员通常会做如下处理：

（1）禁止使用空密码。空密码在给用户带来方便的同时，也给那些恶意用户带来了便捷。

（2）禁止使用与用户登录名相同及用户登录名的简化密码。各种密码破译首先都是以用户登录名及其变化进行密码猜测，因此这类密码被破译的概率非常高。

（3）禁止使用与用户相关的个人信息作为密码。有很多用户习惯用生日、电话号码等个人信息做密码，由于用户的个人信息很容易被其他人知道，如果一个与用户非常熟悉的人来猜测用户的密码时，这些是他首先会想到的。

（4）禁止使用英文单词作为密码。各种密码破译软件中都有一个密码字典，如果系统允许别人任意次的猜测密码时，这类密码也是非常容易被破译的。

（5）建议使用复杂性的密码，密码长度不少于 8 位，并定期更改密码。一个足够强壮的密码至少应该是复杂的密码，复杂的密码至少要包括大小写字母、数字、特殊字符，并且是无意义的组合和超过 8 位长度，如 1qez@WYX。

2．活动目录用户账户的密码策略

在活动目录中，默认情况下，一个域只能使用一套密码策略，这套密码策略由【Default Domain Policy】进行统一管理。

如果一些企业需要针对不同群体设置不同的密码策略，则需要启用多元化密码策略（要求 Windows Server 2008 R2 以上域功能级别）。关于多元化密码策略的部署将在后续项目中进行介绍。

项目分析

针对本项目中公司提出的密码策略需求，域管理员可以通过修改【Default Domain Policy】的用户密码策略进行对应的配置即可。

项目操作

1．域安全策略的密码策略修改

（1）在【服务器管理器】主窗口下，单击【组策略管理】，在弹出的【组策略管理】窗口中右键单击【Default Domain Policy】，在弹出的快捷菜单中选择【编辑】进行域默认组策略修改，如图 6-1 所示。

（2）在弹出的【组策略管理编辑器】中依次展开【策略】→【Windows 设置】→【安全设置】→【账户策略】→【密码策略】，此时右侧就可以看到密码策略的修改项了，如图 6-2 所示。

（3）双击【密码必须符合复杂性要求】，在弹出的对话框中单击【说明】选项卡，从中可以看到该策略的详细说明，如图 6-3 所示。

（4）将【密码必须符合复杂性要求】设置为【已禁用】，【密码长主度最小值】设置为【6 个字符】，取消【密码最长使用期限】设置，如图 6-4 所示。

（5）展开【账户锁定策略】，修改【账户锁定阈值】为【5 次无效登录】，单击【确定】完成配置，如图 6-5 所示。

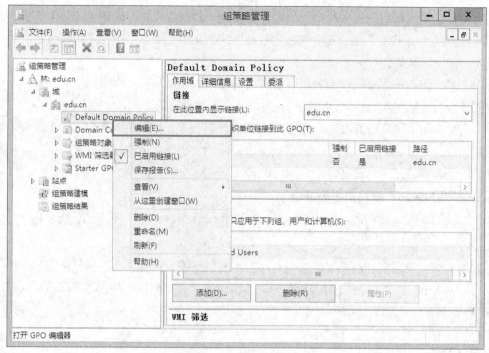

图 6-1　编辑默认组策略

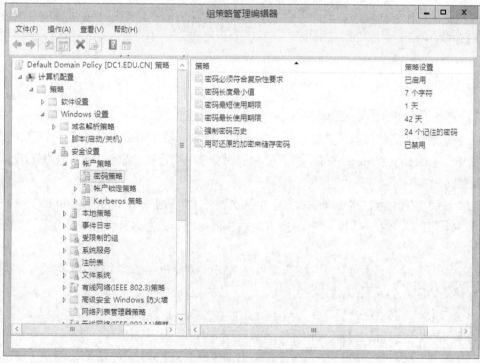

图 6-2　【组策略管理编辑器】

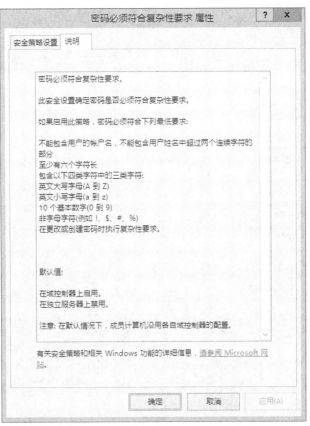

图 6-3　【密码必须符合复杂性要求属性】

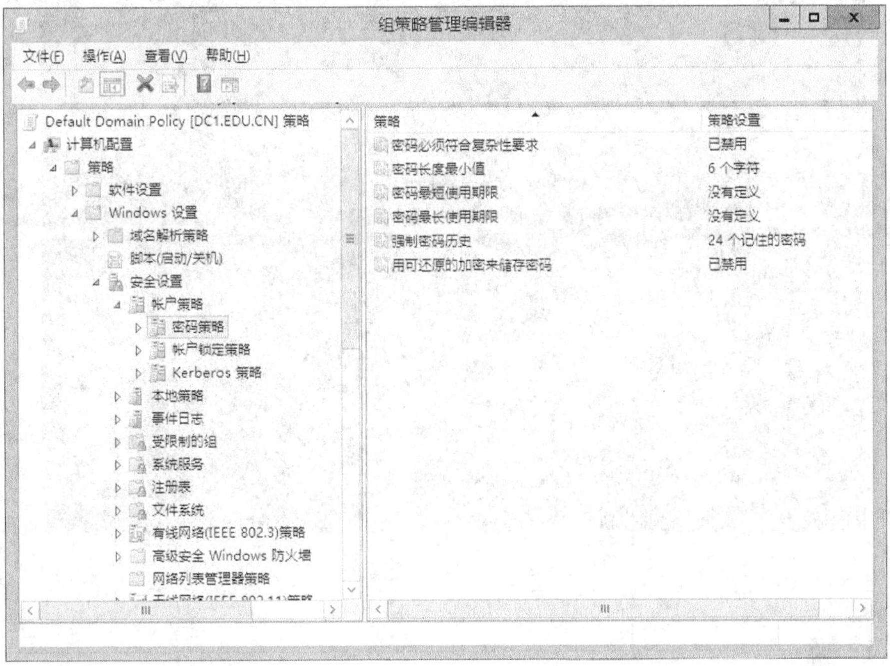

图 6-4　密码策略修改

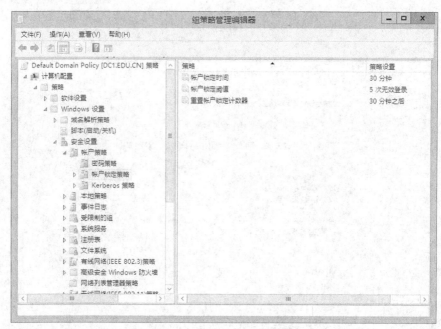

图 6-5　修改【账户锁定策略】

（6）活动目录的组策略一般要定期更新，如果想刚刚设置的策略马上生效，可以用"gpupdate /force"命令执行立刻更新组策略，打开命令行界面，输入该命令，执行刷新组策略操作，如图 6-6 所示。

图 6-6　刷新组策略

项目验证

（1）修改完成之后，用户设置密码时不得小于 6 位，无密码复杂性要求，密码可随时修改，如果用户连续输入 5 次错误密码，该账户将锁定 30 分钟。

（2）在【服务器管理器】主窗口下，单击【Active Directory 用户和计算机】为"user01"重置密码，设置密码为"123456"，系统提示修改成功，如图 6-7 所示。

（3）当用户连续 5 次输入密码错误时，该账户被锁定，如图 6-8 所示。

图 6-7 简单密码设置成功

图 6-8 "user01"账户被锁定

习题与上机

一、简答题

（1）域管理员重置普通用户密码时能否不遵从组策略配置？

（2）设置账户锁定策略后域管理员是否会受该限制？

（3）能否再创建一个组策略再配置一套密码策略？

（4）当账户被锁定时，能否使用该账户访问其他网络服务？

二、项目实训题

（1）项目背景

以学生姓名简写（拼音的首字母）.cn 为域名建立自己的公司域，采用的 IP 地址段统一为 10.x.y/24（x 为班级编号，y 为学号）。

（2）项目要求

修改用户的密码策略和账户锁定策略，重置用户密码，登录域，尝试锁定账户，并使用域管理员将该账户进行解除锁定操作，并截取实验结果。

项目拓扑如图 6-9 所示。

图 6-9 项目拓扑

PART 7

项目 7
域用户的导出与导入

项目描述

EDU 公司基于 Windows Server 2012 活动目录管理公司用户和计算机，公司计算机已经全部加入到域，接下来需要根据人事部的公司员工名单为每一位员工创建域账户。

公司拥有员工近千人，并且平均每月都有近百名新员工入职，域管理员经常需要花费大量时间用于域用户的管理上，因此域管理员希望能通过导入的方式批量创建、禁用、删除用户，以提高工作效率。

相关知识

1. Windows Server 2012 的用户账号的唯一性

Windows Server 2012 中的用户账号可以分为本地用户账号和域用户账号，其中，本地用户账号位于工作组中的计算机或域中非 DC 的计算机上，域用户账号位于域控制器上，这些账号在系统中必须是唯一的。

在一台计算机上创建两个用户，分别登录后执行 "whoami /user" 命令，可以发现这两个用户的 SID 是不同的，如图 7-1 和图 7-2 所示。

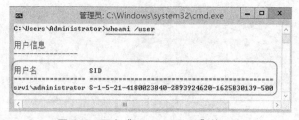

图 7-1 用户 "administrator" 的 SID

同时，我们还可以通过删除图 7-2 的用户 "tom"，然后重新创建一个 "tom" 用户，并用这个新的 "tom" 用户登录，查看自身 SID，结果如图 7-3 所示。它的 SID 已经和原 "tom" 用户不同，因此删除后重新创建的同名用户与被删除用户是不同的，并且其用户名在显示时，系统为区别于原"tom"用户，改变为"tom.SRV1"（SRV1 是计算机名）。

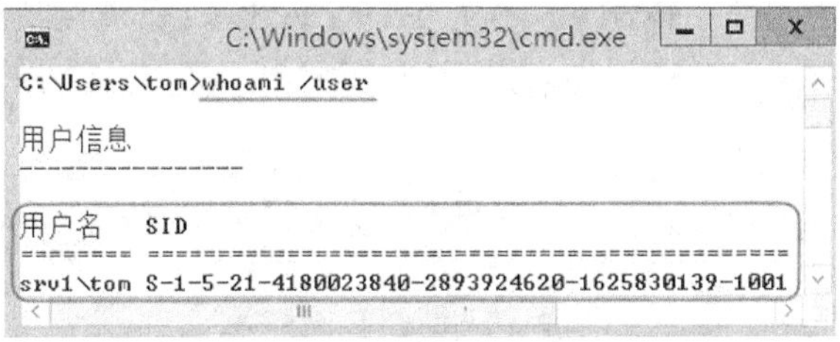

图 7-2　用户"tom"的 SID

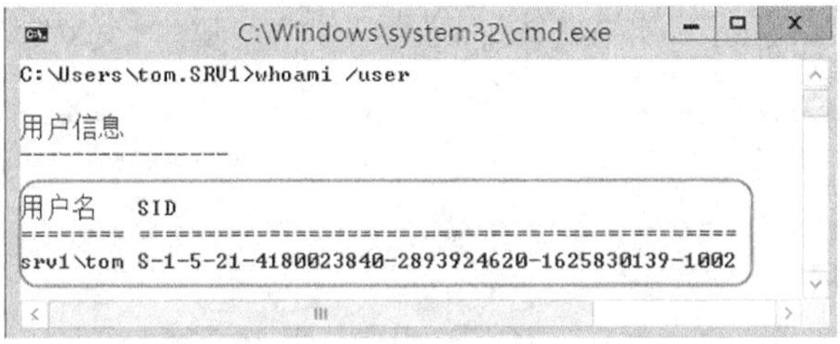

图 7-3　新用户"tom"的 SID

2.用户主名

经过前序项目学习后，我们可以了解到：在登录到域客户机时，用户可以选择使用本机账户登录到本机或者使用域账户登录到域，计算机登录界面如图 7-4 所示。

图 7-4　域客户机的登录界面

在【用户名】文本框中可以输入"SRV1/tom"或者"./tom"，它们都表示使用该域客户机的本地账户"tom"来登录到计算机，也可以输入"tom"或"tom@edu.cn"来登录到 EDU 域（默认为登录到 EDU 域），"tom@edu.cn"就是一个用户主名（用户登录名@域名）。在多域环境中，用户则需要选择域来登录到指定的域。

为方便管理用户账户，在域环境中通常通过直接输入用户主名和密码来登录到域，例如，"sam@gz.edu.cn"，"sam"是用户名，"gz.edu.cn"是域名。此时，AD 客户机就会根据用户主名向"gz.edu.cn"区域验证"sam"用户的密码是否正确。

用户主名可以方便定位用户的位置,同时还可以作为用户的 E-mail 地址同其他用户通信。

3.用户的创建

当有新的用户需要访问域的资源时就需要创建一个新的用户账户，创建用户账户主要有以下几种方式。

（1）通过【Active Directory 用户和计算机】管理控制台，按向导创建用户。

① 在域控制器上打开【Active Directory 用户和计算机】管理控制台，展开管理控制台的左侧树，右键单击【Users】容器，在弹出的快捷菜单中选择【新建】→【用户】命令，进入新建用户向导，如图 7-5 所示。

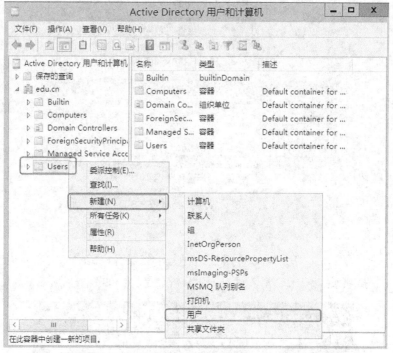

图 7-5　通过【Active Directory 用户和计算机】管理控制台新建用户

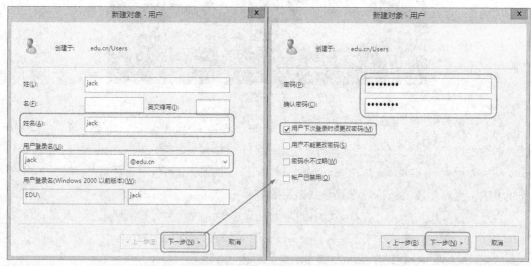

图 7-6　【新建对象-用户】对话框

② 在弹出的【新建对象-用户】对话框中输入【姓名】、【用户登录名】等新用户信息，并单击【下一步】按钮，输入用户的【密码】、【确认密码】等信息后，单击【下一步】按钮，最后单击【完成】按钮完成新用户的创建，如图 7-6 所示。

（2）通过复制命令创建用户。

在域中，域管理员不仅仅需要为用户创建新账户，还必须为用户输入大量的属性信息。这些信息包括一些公共信息（如公司、部门、办公室、邮政编码等）和一些私有信息（如手机、邮箱、家庭住址等）。通过复制命令可以让域管理员以一个用户为模板来创建一个新用户，并为该新用户设置与被复制用户完全一致的私有信息，这样域管理员就只需要给该新用户输入一些私有信息，节约了新建用户的信息编辑时间。

假设市场部来了一位新员工 tom，他和刚刚创建的 jack 的岗位是一样的（jack 的个人信息已经输入完整），那么在创建"tom"时，就可以右键单击【jack】，在弹出的快捷菜单中选择【复制】命令，并按向导完成新用户的创建。创建完成后从两个用户的【组织】选项卡可以看出，tom 复制了 jack 的【公司】和【部门】属性，【职务】属性因属于私有属性而没有复制，如图 7-7 所示。

图 7-7　tom 复制 jack 后的【组织】选项卡对比

（3）通过"dsadd user"命令创建用户。

在域控制器的命令行中，可以运用"dsadd"命令创建用户账户，在命令提示符下输入"dsadd /?"可以查看此命令的帮助信息。

例如，我们将在【users】容器下创建一个用户"tony"，可以输入：

```
dsadd cn=tony,cn=users,dc=edu,dc=cn
```

命令执行成功后，可以在【Active Directory 用户和计算机】管理控制台中看到刚刚新建的用户"tony"，过程和结果如图 7-8 所示。由于在创建时并没有为该用户提供密码，因此该用户当前为被禁用状态，域管理员可以为该用户设置密码来启用该账户。

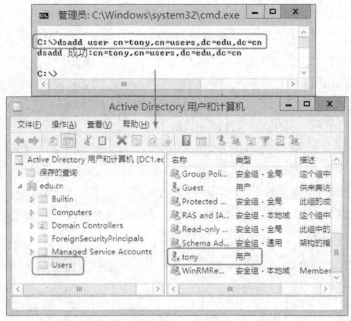

图 7-8 通过 "dsadd" 命令创建新用户 "tony"

（4）通过 "csvde" 命令批量导入用户。

在本项目中将详细介绍如何运用 "csvde" 命令导入和导出用户，此处就不再叙述。

4．用户的管理

设置用户账号属性。

在用户的属性菜单中共有 18 个选项卡，默认情况下仅显示 13 个选项卡，如果要查看所有的选项卡，可以在【Active Directory 用户和计算机】管理控制台中单击【查看】菜单中的【高级功能】。下面分别说明其中各个选项卡的功能。

① 【常规】、【地址】、【电话】、【组织】选项卡

这几个选项卡主要用来输入用户账户的个人信息，以方便域用户间的信息查询。

② 【账户】选项卡

【账户】选项卡如图 7-9 所示，前面两行用来设置用户账户的登录名信息，最下面的账户选项用来设置与用户密码相关的属性和用户的锁定属性。

【登录时间】用于设置允许该用户账号登录到域的时间段，其中，蓝色对应区块表示可以登录，白色则表示拒绝登录。jack 是一名实习生，公司仅允许他周一～周五的 9 点～17 点登录到域就可以按本图设置。

【登录到】用于设置该用户账户允许使用的客户机，默认情况下用户账户可以从域中所有的客户机上登录到域。这种情况给用户带来方便的同时也给域带来了安全隐患，因此可以通过单击【下列计算机】，并添加客户机到列表中，这样这个用户就只能使用列表中的这几台计算机来登录到域。利用该选项可以实现每个用户账户只能使用自己的计算机登录域。

③【配置文件】选项卡

此选项卡分为【用户配置文件】和【主文件夹】两部分，如图 7-10 所示。

图 7-9　用户属性的【账户】选项卡

图 7-10　用户属性的【配置文件】选项卡

- 用户配置文件

用户配置文件用于定义域用户登录计算机时系统配置文件的路径和登录时需要处理的脚本文件。

配置文件路径用于所配置的工作环境，如桌面设置、快捷方式、开始菜单等，如果未配置则采用客户机的默认配置。

如果域管理员希望某用户在登录客户机时处理一些特定程序，则可以利用登录脚本功能。

- 主文件夹

用户首次登录到域客户机时，客户机会自动为该用户创建桌面、开始菜单等文档。这些文档通常存储于"C:\Users\%SystemName%"中，如图 7-11 所示。

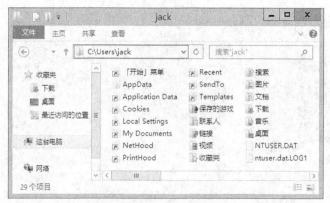

图 7-11 在域客户机查看用户"jack"的主文件夹

【本地路径】允许管理员为用户设置这些配置文件的存储路径，【连接】则允许管理员为用户设置网络磁盘，用户登录时将自动映射到网络共享位置。

④【隶属于】选项卡

在【隶属于】选项卡可以查看用户是属于哪些组的成员。默认情况下，所有域用户账号都隶属于"Domain Users"组，如图 7-12 所示。通过单击【添加】按钮可以把该用户添加到特定组中；选中某个组账号后，单击【删除】按钮可以把用户从该组中删除。域的默认组如图 7-13 所示。

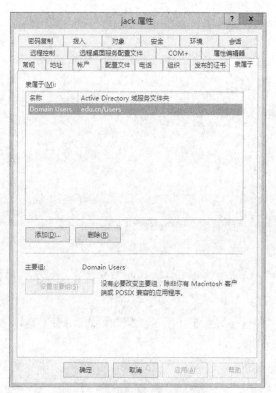

图 7-12 用户属性的【隶属于】选项卡

图 7-13　AD 的默认组

⑤【安全】选项卡

在 AD 的许多属性对话框中都有【安全】选项卡，如文件夹的属性对话框。它们定义了对象（用户、文件夹等）的安全项，在用户的安全选项中列出了 AD 中的组或用户对该账户的权限。

项目分析

对于流动性比较大的公司，频繁的注册大量的域账户可以采用账户的导入功能将用户导入到域中，然后再通过批处理脚本批量更改这些用户的特定信息，如设置密码等。

针对本项目可以利用 "csvde" 命令导入域账户，参考步骤如下：

（1）利用 "csvde" 命令导出域账户（结果为 csv 文件）。

（2）打开导出的 csv 文件，按照公司用户属性信息要求删除一些无关项，并删除所有的用户记录，保存该文件后，该文件即可用作用户导入的模板文件。

（3）将需要注册的用户信息按要求填入到模板文件的相应位置。

（4）利用 "csvde" 命令导入域账户，新导入的账户默认为禁用状态。

（5）利用现有脚本，并对脚本中的操作对象做设置，然后批量执行更改新用户的属性值（如密码），完成域用户的导入。

注意：如果需要注册的域用户属于多个部门（在 AD 中一般属于多个 OU），可以将这些需要注册的用户先全部导入一个新 OU 中，待完成相关属性修改后再拖到相应 OU 中。

项目操作

1. 域用户的导出

打开【运行】，输入"cmd"打开【命令提示符】窗口，输入"csvde /?"可以查看"csvde"命令的用法，这里我们使用"csvde -d "OU=network,DC=edu,DC=cn" -f network_user.csv"命令导出【network】这个 OU 里面的所有用户到【network_user.csv】文件中，如图 7-14 所示。

图 7-14 域用户导出

2. 域用户的导入

（1）将导出的 csv 文件稍做修改（删除无需输入的列、清空用户）并作为导入的模板文件，然后填入新员工相应信息（推荐使用 Excel 修改文件），如图 7-15 所示，图中红色部分为对应字段的解释。

	A	B	C	D	E	F	G	H	I
1	l	c	st	company	title	displayname	dn	samaccountname	objectclass
2	广州	cn	广东	EDU公司	主管	张三	cn=zhang3, ou=network, dc=edu, dc=cn	zhang3	user
3	广州	cn	广东	EDU公司	员工	李四	cn=li4, ou=network, dc=edu, dc=cn	li4	user
4	广州	cn	广东	EDU公司	员工	王五	cn=wang5, ou=network, dc=edu, dc=cn	wang5	user
5	广州	cn	广东	EDU公司	员工	赵六	cn=zhao6, ou=network, dc=edu, dc=cn	zhao6	user
8	市/县	国家/地区	省/自治区	公司	职称	显示名称	cn=用户, ou=组织单元, dc=二级域名, dc=一级域名	显示名称	类型

J	K	L	M	N	O	P	Q	R
description	pager	mail	wWWhomepage	useraccountcontrol	department	userprincipalname	mobile	info
网络部主管	70000	zhang3@edu.cn	www.edu.cn	514	网络部	zhang3@edu.cn	13876543210	网络部主管
网络部员工	70001	li4@edu.cn	www.edu.cn	514	网络部	li4@edu.cn	13876543211	网络部员工
网络部员工	70002	wang5@edu.cn	www.edu.cn	514	网络部	wang5@edu.cn	13876543212	网络部员工
网络部员工	70003	zhao6@edu.cn	www.edu.cn	514	网络部	zhao6@edu.cn	13876543213	网络部员工
描述	寻呼机	电子邮箱	网页	用户帐户属性	部门	UPN名称	移动电话	注释

图 7-15 修改公司员工信息

（2）将修改好的用户注册文件保存为 csv 格式，如图 7-16 所示。

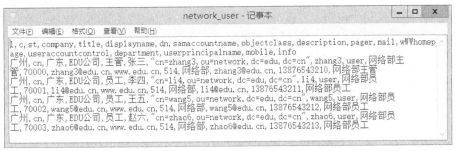

图 7-16　已经填好新员工信息的 csv 文件

（3）打开【运行】，输入"cmd"打开【命令提示符】窗口，这里我们使用"csvde -i -f network_user.csv"命令向域控制器导入用户，如图 7-17 所示。

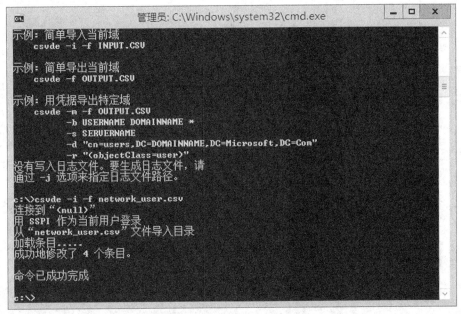

图 7-17　使用"csvde"导入用户

（4）查看刚刚导入的用户，如图 7-18 所示。

图 7-18　查看刚刚导入的用户

（5）刚刚导入的用户没有设置密码，并且是禁用状态。通过使用如图7-19所示的脚本进行批量修改密码，并全选【network】组织单元里的用户右键单击，在弹出的快捷菜单中选择【启用账户】命令启用所有新员工账号，结果如图7-20所示。

图 7-19　重置密码脚本

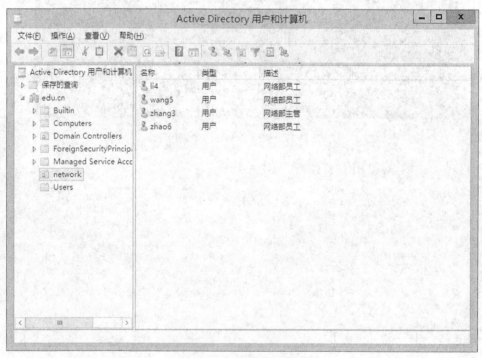

图 7-20　查看导入用户状态

项目验证

（1）导入用户和修改密码完成之后，此时用户已经可以登录域了，如图 7-21 所示。

（2）查看导入用户的详细信息，如图 7-22 和图 7-23 所示。

图 7-21　导入用户登录成功

图 7-22　用户详细信息

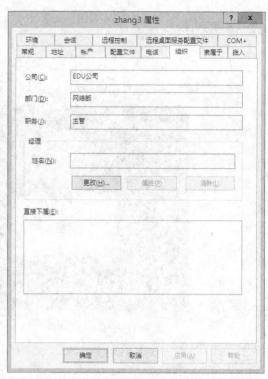

图 7-23 用户详细信息

习题与上机

一、简答题

（1）当导入的用户已经存在是否会覆盖原有的用户？

（2）当用户删除后再导入同名用户时，是否会继续继承之前账户的权限？

（3）当密码策略设置为符合复杂性要求时能否导入用户？

（4）将域用户导出是否算一种牢固的备份方式？

二、项目实训题

（1）项目背景

以学生姓名简写（拼音的首字母）.cn 为域名建立自己的公司域，采用的 IP 地址段统一为 10.x.y/24（x 为班级编号，y 为学号）。

（2）项目要求

将班级同学的数据导入域控制器，显示导入用户的属性、域安全策略的密码策略、通过 VBS 修改密码后用户的属性，并截取实验结果。

项目拓扑如图 7-24 所示。

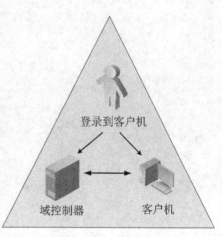

图 7-24 项目拓扑

PART 8

项目 8
用户个性化登录、用户
数据漫游

项目描述

EDU 公司基于 Windows Server 2012 活动目录管理公司员工和计算机。公司员工在使用 AD 时提出了下列 3 个需求：

（1）EDU 公司由于业务拓展，最近合并了一家公司（network.cn），原 network 公司员工已经习惯于使用 "user@network.cn" 登录到公司域名，但公司合并后，network.cn 域已经删除，在过渡期，为方便原 network.cn 员工登录到域，公司希望域管理员允许其使用 "user@network.cn" 账户登录到 "edu.cn" 域。

（2）客服部员工习惯于在桌面（或我的文档）保存工作日志，并设置自己喜欢的个性化配置（如桌面背景、快捷方式等）。由于公司工作环境的特殊性，他们并不能固定使用公司的一台计算机，切换工作计算机导致他们的个性化配置和工作文档需要重新配置和拷贝，他们希望在切换计算机办公时能自动将桌面数据、个性化设置部署到新计算机上。

（3）针对实习生员工，公司希望定制一份具有浓厚公司文化氛围的个性化桌面配置方案给他们，让他们快速熟悉公司业务并适应新的工作环境。由于实习生使用的计算机并不固定，因此公司希望他们在使用不同计算机时桌面配置方案保持不变，并且不允许用户更改。

相关知识

1. AD 的用户主名后缀

AD 用户在登录到域时需要进行身份验证，用户需要输入自己的用户主名（用户名@域名）与密码，企业如果搭建了邮件服务器，则员工还可以通过使用与用户主名同名的邮箱与外界收发邮件。因此，活动目录和 Exchange 的集成在企业中普遍得到运用。

但是，如果一些员工使用的是子域账号或林中另一棵树的账号，他们就面临域账号过长或者用户账号和邮件账号不同的问题，再如公司合并时，被合并员工更习惯于采用旧公司邮件地址与其客户通信，因此，在活动目录中可以通过设置 "UPN 后缀" 增加用户常用的域名（如 163.com），然后在自己的用户名中应用该域名，这样域用户就可以使用新的用户主名（如 jack@163.com=

jack@edu.cn），在活动目录数据库中，这个新的用户主名是原用户主名的一个别名。

综上所述，AD 用户主名后缀默认为当前域和根域的名称，添加其他域名提供了额外的登录名称并简化了用户登录名，该功能还方便实现用户名和电子邮件地址的一致性。

2. 用户配置文件

（1）用户配置文件的内容

用户配置文件定义了当用户登录到计算机时所获得的工作环境，其中包括桌面设置、快捷方式、网络连接等。需要注意的是，用户配置文件不是一个独立的文件，而是由一系列文件和文件夹组成的，而且当用户第一次登录到一台计算机后，该计算机会为该用户创建配置相关的文件/文件夹。所有用户的配置文件都默认存放在系统分区下的【Documents and Settings】文件夹中，每个用户都有一个以自己的登录名命名的文件夹，如图 8-1 所示。

图 8-1　用户配置文件保存目录

双击【jack】目录，可进入用户"jack"的配置文件目录，结果如图 8-2 所示。

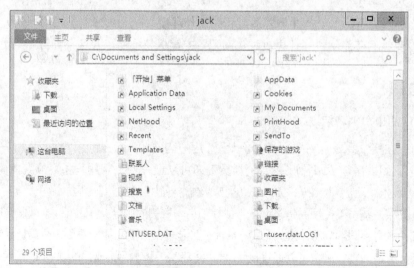

图 8-2　用户"jack"的个人配置文件夹

从图 8-2 中可以看到，在用户配置文件夹中包括【桌面】、【链接】、【文档】等设置，还包括一些隐藏文件夹，如【[开始]菜单】、【My Document】、【SendTo】等。这些文件夹中存放的就是当用户登录计算机时所使用的工作环境，简要介绍如下。

① 【[开始]菜单】：存储用户登录以后在【开始】菜单中看到的信息。

② 【Cookies】：存储用户访问 Internet 时的 Cookies 信息。

③ 【Local Settings】：存放用户使用的临时文件和历史信息，如 IE 浏览器的临时文件。

④ 【My Documents】：与用户桌面上的【我的文档】相同。

⑤ 【SendTo】：存储鼠标右键快捷菜单的【发送到】菜单中的快捷项。

⑥ 【桌面】：用户登录后存储在桌面上的文件和文件夹。

⑦ 【NTUSER.DAT】：存放一些不能以文件形式直接存储的信息，如注册表信息。

（2）用户配置文件的类型

① 默认用户配置文件

默认用户配置文件（Default User Profile）在用户第一次登录计算机时使用，所有对用户配置文件的修改都是在默认用户配置文件的基础上进行的。默认用户配置文件存放在"%systemdrive%\Documents and Settings\Default Users"文件夹和【All Users】文件夹的内容（合并）来生成用户的配置文件，并存储在以用户的登录名创建的文件夹中。

② 本地用户配置文件

存储在本地的配置文件称为本地用户配置文件（Local User Profile）。当用户第一次在一台计算机上登录时就为该用户在这台计算机创建了本地用户配置文件。以后，每次当用户从本地登录计算机时就采用该配置文件配置用户的工作环境。但如果用户登录到另一台计算机，本地用户配置文件就不起作用了。

一台计算机上可以有多个本地用户配置文件，分别对应每一个曾经登录过该计算机的用户。用户的配置文件不能直接编辑，要修改配置文件的内容需要以该用户登录，然后手动修改用户的工作环境如桌面、快捷方式等，系统会自动地把修改后的配置保存到用户配置文件中。

如果要查看当前计算机上有哪些用户的本地用户配置文件，可按如下操作步骤进行：

● 右击桌面左下角的 ▢ 图标，在弹出的快捷菜单中选择【系统】命令，出现【系统属性】对话框。

● 在【系统属性】对话框中单击左边的【高级系统设置】快捷方式，打开【系统属性】对话框，如图 8-3 所示。

● 在【用户配置文件】选项区域中单击【设置】按钮，打开【用户配置文件】对话框，在此可以查看当前计算机上有哪些用户的配置文件。

> **注意**：域用户账户的配置文件名称为"域名\用户登录名"，本地用户账户的配置文件名称为"计算机名\用户登录名"。图 8-3 中有两个 Administrator 账号，一个是域账号，一个是本地账号。

③ 漫游用户配置文件

当一个用户需要经常在多台计算机上登录，而且希望每次都得到相同的工作环境时就需要使用漫游用户配置文件（Roaming User Profile）。为了实现漫游用户配置文件的功能，需要把用户的配置文件存储在网络中的文件服务器上，每次当用户登录时就从该文件服务器读取配置文件的信息并配置用户环境。当用户更改其工作环境时，新的设置也将在用户注销时自动保存到服务器的配置文件中，这保证了用户在其他工作站登录都能使用相同的工作环境。

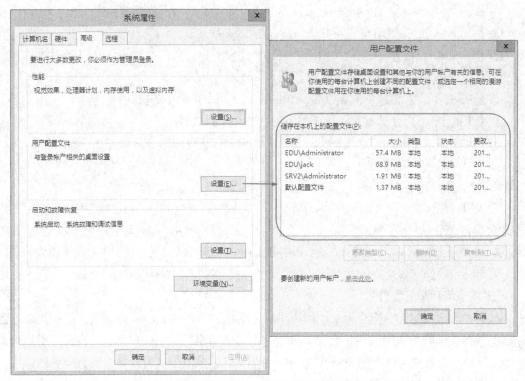

图 8-3　在【系统属性】对话框中查看【用户配置文件】

漫游配置文件还可以根据需要配置为强制漫游配置文件，这样用户每次登录客户机后对工作环境所做的修改将不会保存到文件服务器上，下次登录时仍然会使用原有的配置来配置用户的工作环境，在活动目录中经常会给实习生账号、公用账号等设置为强制漫游，以统一工作环境。管理员通过把用户配置文件夹中的【NTUSER.DAT】重命名为【NTUSER.MAN】，即可把用户的配置文件变成强制漫游用户配置文件。

> **注意：**漫游通常应用于用户使用同种类型的操作系统情况下，如 Windows 7。如果用户经常切换不同操作系统，如 Windows 8，那么当用户当前使用的操作系统桌面和存储在网络服务器上的桌面不一致时，操作系统将为该用户使用临时桌面，期间用户产生的用户数据将不会保存到存储服务器中。

项目分析

对于需求（1），可以通过在 AD 林根域服务器的【域和信任关系】上注册 "network.cn"的 UPN 后缀，然后对原 network.cn 公司的员工使用该后缀即可。

对于需求（2），显然适用于漫游用户文件配置，通过以下几个步骤来实现。

（1）在文件服务器上为客服部配置共享，并在共享目录下为每个客服部用户建立个人目录，并配置只允许用户读写其个人目录。

（2）在 AD 用户和计算机上配置每个客服部用户的【属性】的【用户配置文件】路径为网络共享目录的个人目录地址。

（3）在用户登录过的客户机上将其的个人配置文件夹的所有内容复制到文件服务器相应目录上，也可以将客户机的"%SystemDriver%\Documents and Settings\All Users"和"%SystemDriver%\Documents and Settings\Default User"目录内的内容合并拷贝到个人目录下。

（4）让客户部用户登录到不同客户机，在【系统属性】的【用户配置文件】对话框中看到自己的漫游属性，当然，客户部用户的个性化配置和工作文档也自动应用了。

对于需求（3），操作步骤和需求（2）类似，仅需更改漫游为强制漫游。因此步骤（1）、（2）、（3）相同，最后一个步骤如下。

（5）把用户配置文件夹中的【NTUSER.DAT】重命名为【NTUSER.MAN】。实习员工登录客户机后可以在【系统属性】的【用户配置文件】对话框中看到自己的强制属性，在切换客户机登录时，工作环境将始终不会被改变。

项目操作

1．配置 UPN 后缀

（1）在林根域服务器的【服务器管理器】主窗口中，单击【工具】菜单，打开【Active Directory 域和信任关系】，右键单击【Active Directory 域和信任关系】，在弹出的快捷菜单中选择【属性】，如图 8-4 所示。

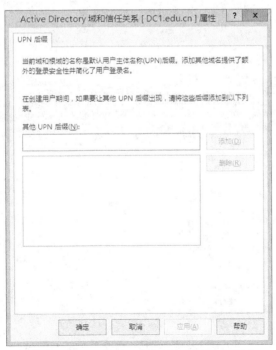

图 8-4　【Active Directory 域和信任关系属性】

（2）在【其他 UPN 后缀】中输入个性化后缀"network.cn"，如图 8-5 所示。

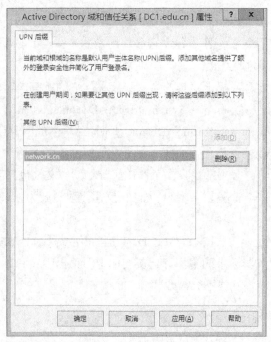

图 8-5 添加 UPN 后缀

（3）在【服务器管理器】主窗口下，单击【工具】打开【Active Directory 用户和计算机】，展开【network】并找到用户"zhang3"，单击【账户】选项卡，可以看到用户登录户的后缀有两个选项，如图 8-6 所示。

图 8-6 用户属性

（4）将后缀选择刚刚创建的【network.con】并单击【确定】。

（5）使用"zhang3@network.cn"这种形式登录域客户机，如图 8-7 所示。

图 8-7　用 UPN 后缀登录

（6）成功登录域环境，如图 8-8 所示。

图 8-8　登录成功

2. 配置普通员工"tom"用户类型为漫游

（1）在【DC1】上创建一个名为【客服部】的共享目录，并配置【客服部】组对这个目录具有读取和写入权限，如图 8-9 所示。

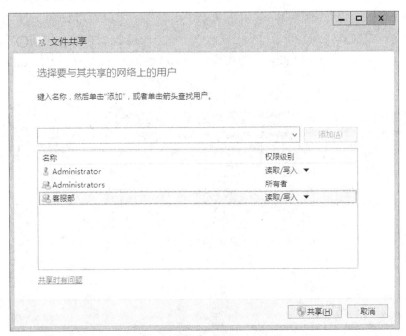

图 8-9　配置共享目录及权限

（2）在普通员工"tom"用户的【配置文件】选项卡中，输入【配置文件路径】为"\\dc1.edu.cn\客服部\%username%"或"\\dc1.edu.cn\客服部\tom"，如图 8-10 所示。

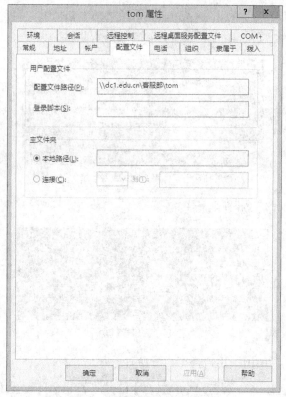

图 8-10　输入【配置文件路径】

（3）使用客服部员工用户"tom"登录系统，并依次打开【这台电脑】→【属性】→【高级系统设置】→【输入凭据】→【用户配置文件】→【设置】，会弹出【用户配置文件】对话框，可以看到"tom"用户的【配置文件类型】为【漫游】，如图 8-11 所示。

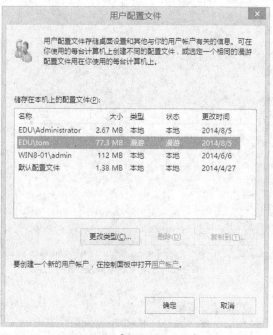

图 8-11　【用户配置文件】

3．配置实习员工"jack"用户类型为强制漫游

（1）使用同样的方式将客服部实习员工"jack"配置为漫游用户。

（2）为客服部实习员工"jack"配置个性化桌面。

（3）将"jack"用户注销，使用任意用户登录，但不要使用"jack"用户登录，打开【命令提示符】输入"net use \\dc1.edu.cn\客服部 /user:\edu\jack 123456"，如图 8-12 所示。

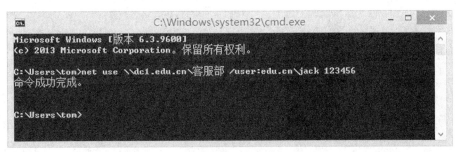

图 8-12 使用"jack"用户访问共享

（4）打开【文件夹选项】，取消勾选【隐藏受保护的文件、文件夹和驱动器】复选框，选择【显示隐藏的文件、文件夹和驱动器】，取消勾选【隐藏已知文件类型的扩展名】复选框，如图 8-13 所示。

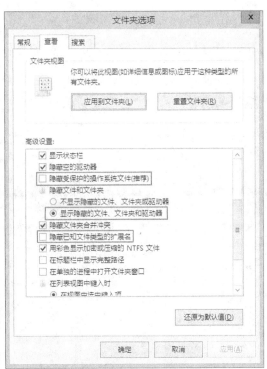

图 8-13 【文件夹选项】

（5）访问"\\dc1.edu.cn\客服部"共享文件夹，进入到【jack】目录，把【NTUSER.DAT】改为【NTUSER.MAN】，如图 8-14 所示。

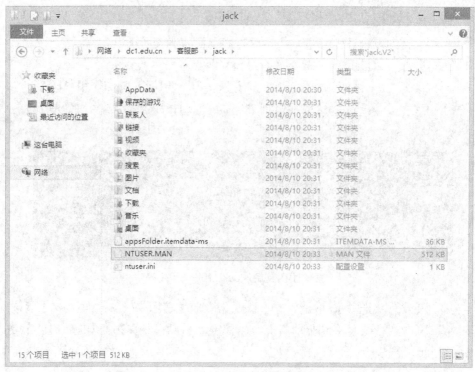

图 8-14　修改用户配置文件

（6）使用实习员工"jack"用户登录系统，查看"jack"用户的【用户配置文件类型】，如图 8-15 所示。

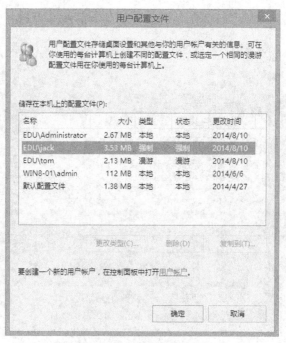

图 8-15　查看【用户配置文件类型】

项目验证

（1）验证用户漫游是否生效，使用普通员工"tom"用户更改桌面背景。到另一台域客户机上进行登录，可以看到桌面已经被更改，如图 8-16、图 8-17 所示。

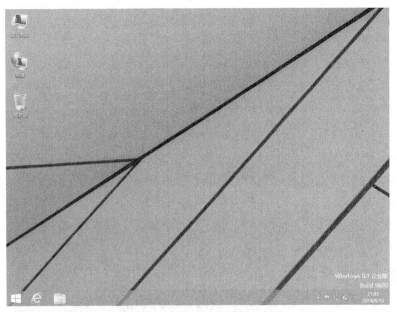

图 8-16　修改桌面背景

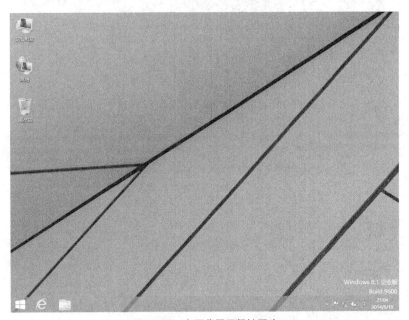

图 8-17　桌面背景已经被更改

（2）验证强制漫游是否生效，使用实习员工"jack"用户更改桌面背景。到另一台域客户机上进行登录，可以看到桌面没有被修改，如图 8-18、图 8-19 所示。

图 8-18　修改桌面背景

图 8-19　被强制恢复成默认桌面背景

习题与上机

一、简答题

（1）漫游和强制漫游最主要的区别是什么？

（2）强制漫游能否向网络驱动器写入文件？

（3）配置了漫游之后无法访问自己的配置文件时能否登录域？

（4）在客户机上登录过之后才配置漫游，此时是以本地配置文件方式登录还是以漫游方式登录？

二、项目实训题

（1）项目背景

以学生姓名简写（拼音的首字母）.cn 为域名建立自己的公司域，采用的 IP 地址段统一为 10.x.y/24（x 为班级编号，y 为学号）。

（2）项目要求

在域控制器上新建两个用户，并分别配置为漫游用户和强制漫游用户，尝试登录客户机，查看【用户配置文件】属性，并截取实验结果。

项目拓扑如图 8-20 所示。

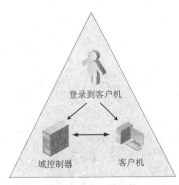

图 8-20　项目拓扑

项目 9
将域成员设定为
客户机的管理员

项目描述

EDU 公司基于 Windows Server 2012 活动目录管理公司员工和计算机。网络管理部有部分员工负责域的维护与管理，部分员工负责公司服务器群（如 Web 服务器、FTP 服务器、数据库服务器等）的维护与管理，部分员工分管其他业务部门计算机的维护与管理。面对网络管理与维护的分工越来越细，该如何赋予员工的域操作权限以匹配其工作职责？

案例 1：域控制器的备份与还原由张工负责，域管理员该如何给张工设置合理的工作权限？

案例 2：李工是软件测试组员工，因经常需要安装相关软件并配置测试环境，需要获得工作计算机的管理权限，域管理员又该如何处理？

相关知识

1．域计算机

在活动目录环境中，计算机可以分为两类：域控制器和域成员计算机。其中，域成员计算机根据应用又可以分为域客户机和域服务器，域客户机的操作系统通常为 Windows 7 或 Windows 8，域服务器通常为 Windows Server 2012，用于提供 Web、FTP、DHCP、E-mail 等服务。

2．域计算机的用户账号和组账号

域控制器负责管理域用户账号和域组账号，域控制器没有本地账号和本地组账号；成员计算机有本地账号和本地组账号，为了管理方便，域管理通常回收了成员计算机的本地用户账号，仅允许员工以域用户账号身份登录。

（1）域用户账号

在域控制器中，内置了少量用户，如图 9-1 所示的 Administrator、Guest 账号。其中，经常使用的就是 Administrator 管理员账号了，它拥有 AD 的最高权限。在 AD 创建后，就是通过它来为企业员工创建个人账号的。Guest 账号默认为禁用状态。

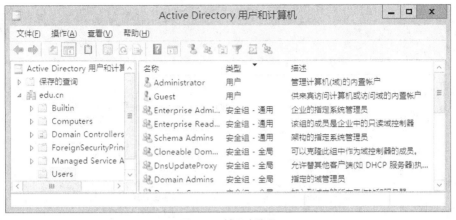

图 9-1　域用户账号

（2）域控制器组账号

在 Windows Server 2012 网络中，组是一个非常重要的概念，用户账号是用来标识网络中的每一个用户的，而组则是用来组织用户账号的。利用组可以把具有相同特点及属性的用户组合在一起，便于管理员进行管理和使用。当网络中的用户账号数量非常多时，给每一个用户授予资源访问权限的工作也非常繁杂，而具有相同身份的用户通常其访问权限也相同，因此，通过把具有相同身份的用户加入到一个逻辑的实体当中，并且一次赋予该实体访问资源的权限而不是单独给每个用户授权，从而节省了工作量，简化了对资源的管理，这个实体就是组。

组账号具有以下特点。

① 组是用户账号的逻辑的集合，删除组并不会把组内的用户删除。

② 当一个用户账号加入到一个组后，该用户账户就拥有该组所拥有的全部权限。

③ 一个用户账户可以是多个组的成员。

④ 在特定情况下，组是可以嵌套的，即组可以包含其他组。

在 AD 的域控制器中，有 3 类组账户：内置组、预定义组和特殊组。

① 内置组

AD 创建的内置组位于【Builtin】容器中，如图 9-2 所示。这些组都是域本地安全组，它们提供给用户预定义的权利和权限，用户不能修改这些内置组的权限设置。当需要某个用户执行管理任务时（授权），只要把这个用户账户加入到相应的内置组中即可。下面就其中几个较为常用的组做简要介绍。

- 【Account Operators】（用户账号操作员组）。其成员可以创建、删除和修改用户账号的隶属组，但是不能修改【Administrators】组或【Account Operators】组。
- 【Administrators】（管理员组）。该组的成员对域控制器及域中的所有资源都具有完全控制权限，并且可以根据需要向其他用户指派相应的权利和访问权限。默认情况下，【Administrator】账号、【Domain Admins】和【Enterprise Admins】预定义全局组是该组的成员。由于该组可以完全控制域控制器，所以向该组中添加用户账号时要谨慎。
- 【Backup Operators】（备份操作员组）。该组的成员可以备份和还原域控制器上的文件，而不管这些被保护的文件的权限如何。这是因为执行备份任务的权限要高于所有文件权限，但该组成员不能更改文件的安全设置。

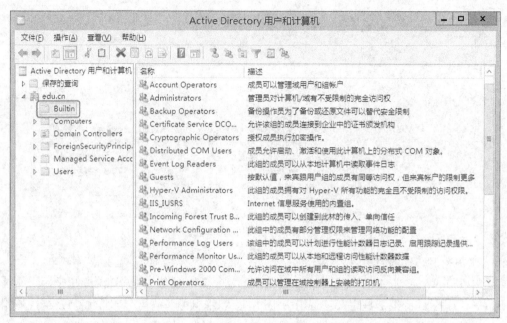

图 9-2 AD 用户和计算机【Builtin】中的组

- 【Guests】(来宾组)。该组成员只能执行授权的任务，只能访问为其分配了访问权限的资源。该组的成员拥有一个在登录时创建的临时配置文件，在注销时，该配置文件将被删除。来宾账户【Guest】是该组的默认成员。

- 【Network Configuration Operators】(网络配置操作员组)。该组的成员可以更改 TCP/IP 配置。

- 【Performance Log Users】(性能日志用户组)。该组成员可以从本地服务器和远程客户端管理性能计数器、日志和报警。

- 【Print Operators】(打印机操作员组)。该组的成员可以管理打印机和打印队列。

- 【Server Operators】(服务器操作员组)。其成员只可以共享磁盘资源和在域控制器上备份和恢复文件。

- 【Users】(用户组)。该组的成员可以执行一些常见任务，如运行应用程序、使用网络打印机等。用户不能共享目录或创建本地打印机等。默认情况下，【Domain Users】、【Authenticated Users】是该组的成员。因此，在域中创建的任何用户账号都将成为该组的成员。

② 预定义组

在创建好域后，在【Active Directory 用户和计算机】管理控制台的【Users】中创建了预定义全局组，如图 9-3 所示。下面就其中几个较为常用的组做简要介绍。

- 【Domain Admins】(域管理员组)。Windows Server 2012 自动将【Domain Admins】添加到【Administrators】内置域本地组中，因此域管理员可以在域内的任何一台计算机上执行管理任务。【Administrator】账号默认是该组的成员。

- 【Domain Guests】(域来宾组)。Windows Server 2012 自动将【Domain Guests】组添加到【Guests】内置域本地组中，【Guest】账号默认是该组的成员。

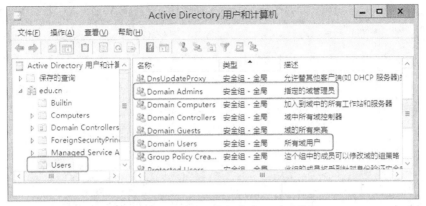

图 9-3　AD 用户和计算机【Users】中的组

- 【Domain Users】（域用户组）。Windows Server 2012 自动将【Users】添加到内置域本地组中。新建的域用户账号都默认是该组的成员。

③ 特殊组

在 Windows Server 2012 计算机上还有一种特殊组，称其特殊是因为这些组没有特定的成员关系，但是它们可以在不同时候代表不同的用户，这取决于用户采取何种方式访问计算机和访问什么资源。在执行组管理时特殊组不可见，但是在给资源分配权限时却要使用它们。

- 【Anonymous Logon】（匿名登录组）。指没有经过身份验证的任何用户账号。
- 【Authenticated Users】（已认证的用户组）。指具有合法用户账号的所有用户。使用【Authenticated Users】组而不是【Everyone】组，可以禁用匿名访问某个资源。【Authenticated Users】组不包括【Guest】账号。
- 【Everyone】（每人组）。包括访问该计算机的所有用户账号，如【Authenticated Users】和【Guests】，因此在给【Everyone】组分配权限时要特别注意。
- 【Creator Owner】（创建所有者组）。包括创建和取得所有权的用户账号。
- 【Interactive】（交互组）。该组包含当前登录到计算机或通过远程桌面连接登录的所有用户。
- 【Network】（网络组）。该组包含通过网络连接登录的所有用户。
- 【Terminal Server Users】（终端服务器用户组）。当终端服务器以应用程序服务器模式安装时，该组将包含当前使用终端服务器登录到该系统的任何用户。
- 【Dialup】（拨号组）。包括任何当前存在拨号连接的用户。

3．域成员计算机组账号

在域成员计算机中，虽然它们加入到域，但是它们的内置本地组仍然保留，并依托这些内置本地组为域用户提供在本机上执行管理任务的权限。域域中的内置组一样，用户也不能修改内置本地组的权限设置。当需要用户在本地计算机上执行相应的管理任务时，只需要用户账号加入到相应的内置本地组即可。

在【计算机管理】控制台【系统工具】中的【本地用户和组】可以查看内置本地组，如图 9-4 所示。下面就其中几个较为常用的组做简要介绍。

图 9-4 域成员计算机的本地组

（1）【Administrators】（管理员组）。该组的成员具有对域客户机的完全控制权限，并且可以向其他用户分配权限。如图 9-5 所示，【Domain Admins】组默认是该组的成员，而域管理员隶属于【Domain Admins】组，因此域管理员默认拥有所有域客户机的管理权限。

（2）【Users】（用户组）。其成员只可以执行授权的任务，只能访问分配了访问权限的资源。如图 9-6 所示，【Domain Users】组默认是该组的成员，而域用户默认隶属于【Domain Users】组，所以域用户默认拥有使用域客户机的权限。

图 9-5 Administrators 组成员   图 9-6 Users 组成员

4．域计算机的用户权限

（1）域控制器的用户权限

域的内置组账户定义了与之匹配的操作域控制器的具体权限，域新创建的用户默认仅隶属于【Domain Users】组，该组的成员可以执行一些常见任务，如运行应用程序、使用网络打印机等，但不能共享目录、修改计算机配置等。

因此如果要让域用户拥有更多的权限，就可以通过将这些用户添加到拥有对应权限的组中去，例如，网络部员工 tom 经常需要备份域控制器的文件，那么就可以将域用户"tom"加入到【Backup Operators】组中，这样就满足了 tom 的工作需求。

> **注意**：不能将"tom"加入到【Domain Admins】组，域管理员组不仅具备域控制器的备份与还原权限，还具备域用户的添加删除、域控制器安全部署配置等权限。那么 tom 可能会进行删除域用户、更改域的安全配置等超出其工作职权的配置，这将给域的管理带来混乱，并有可能导致公司域的正常运作和信息外泄等严重后果。因此，域用户的权限应遵从"权限最小化"原则，从权限关上避免员工的非法操作。

（2）域成员计算机的用户权限

同域控制器的权限类似，域成员计算机的权限也是由内置组预先定义了的，域用户若需要对域客户机拥有更多的操作权限需要将该域用户添加到相应的域成员计算机内置组中以提升权限。

> **注意**：域控制器内置组的权限范围是所有的域控制器，因此域用户加入到域内置组，其继承的权限可作用于所有的域控制器，但这些权限不能作用于域成员计算机，除了【Domain Admins】组。
>
> 域成员计算机的内置组的权限的作用范围是本机，因此如果一个域用户需要拥有多台域成员计算机特定权限，需要到每一台计算机上进行组的隶属操作来授权。

项目分析

对于用户权限应遵循"权限最小化"原则，因此需要熟悉域控制器和域成员计算机内置组的权限，以便将域成员加入到相应组来提升其权限。

对于案例 1，张工仅负责域控制器的备份与还原，域控制器的备份与还原属于域控制器的工作范畴，所以应当在域控制器内置组中找到相应的组，这里显然对应于【Backup Operators】组，所以仅需将张工对应的域账号加入到该组中（域控制器的备份与还原需要安装【Windows Server Backup】功能）。

对于案例 2，李工的要求是提升他的工作计算机的管理权限，属于域成员计算机的工作范畴，所以应当将李工的域账号加入到他的工作计算机的本地管理员组即可。

> **拓展**：
> （1）假设黄工既负责域控制器的网络配置，又负责域控制器的性能监测，那么对于域控制器的内置组是没有对应的内置组的，但是可以让黄工的域账户属于【Network Configuration Operators】和【Performance Log Users】组。

（2）假设网络部有多名员工负责维护域成员客户机，那么可以在每一台域成员计算机上为这些用户重复赋权，但是如果有一名员工离职和一名员工新任职，那么就需要再重复这些操作。改进的办法是创建一个域的全局组，然后将这些员工加入到这个全局组，最后在域成员计算机上给这个全局组授权即可。此时员工的离职与新任职，只需要在域全局组中添加和删除员工信息即可。

项目操作

1．将张工添加到【Backup Operators】组

在【服务器管理器】主窗口下，单击【工具】打开【Active Directory 用户和计算机】，将用户"zhang3"添加到【Backup Operators】组，如图 9-7 所示。

图 9-7　添加到【Backup Operators】组

2．将李工添加到客户机管理员组

使用域管理员"administrator"登录到客户机，依次打开【这台电脑】→【管理】→【本地用户和组】→【组】，找到本地管理员组【administrators】并将李工【edu\li4】加入到该组，如图 9-8 所示。

图 9-8　添加域用户到组

项目验证

（1）使用域用户"tom"登录客户机，尝试能够修改网卡信息，如图 9-9 所示。

图 9-9　【用户账户控制】

（2）使用李工用户"edu\li4"登录到客户机，可以直接进行网卡配置，如图9-10所示。

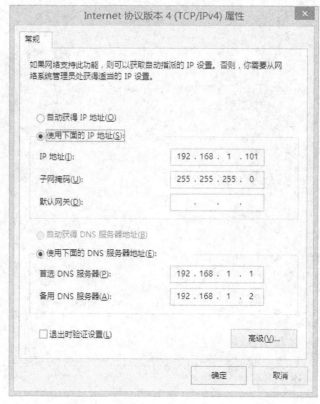

图9-10　配置网卡

习题与上机

一、简答题

（1）请解释一下升级为域控制器后，之前的用户进行了怎样的处理。

（2）提升为额外域控制器后，之前的用户进行了怎样的处理？

（3）设置为客户机管理员后，对其他客户机是否同样具备权限？

（4）设置为客户机管理员后，与客户机管理员权限是否一样？

二、项目实训题

（1）项目背景

以学生姓名简写（拼音的首字母）.cn 为域名建立自己的公司域，采用的 IP 地址段统一为 10.x.y/24（x 为班级编号，y 为学号）。

（2）项目要求

将域成员设定为客户机的管理员权限，使用用户主名方式登录到客户机，打开客户机的本地连接的 TCP/IP 属性，查看是否锁定，并截取实验结果。

项目拓扑如图 9-11 所示。

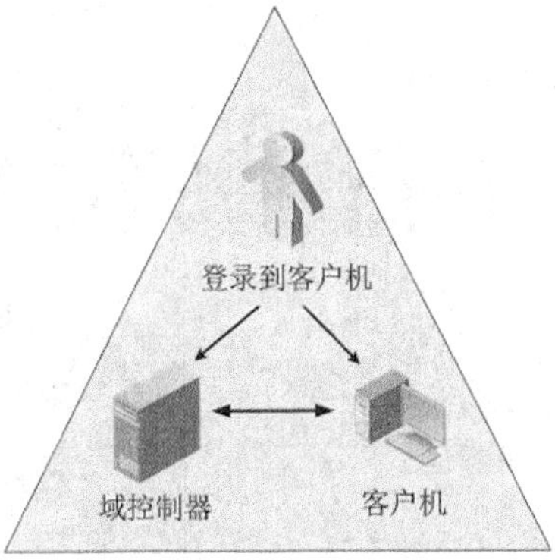

图 9-11　项目拓扑

PART 10

项目 10
管理将计算机加入域的权限

项目描述

EDU 公司基于 Windows Server 2012 活动目录管理公司员工和计算机，公司仅允许加入到域的计算机访问公司网络资源，但是在运维过程中出现了以下问题：

（1）网络部发现有一些员工使用了个人电脑，并通过自己的域账号授权将个人电脑加入到公司域。在公司使用未经网络管理部验证的计算机会给公司网络带来安全隐患，公司要求禁止普通域账号授权计算机加入到域，域的加入由域管理员授权加入。

（2）分公司或办事处有一台计算机需要加入到域，但是分公司或办事处没有域管理员时该怎么办？

（3）公司有一台客户机半年前因故障送修，取回后开机，域员工始终无法登录到域（客户机与域控制器通信正常）。

相关知识

要将一台客户机加入到域，首先需要确保域客户机和域控制器能相互通信，并能正确解析企业的域名，然后需要提供授权加入到域的凭证（域账号和密码），如果通过验证即完成客户机加入到域。因此要将一台客户机加入到域关键是拥有加入到域的授权域账号和密码。

目前将一台客户机加入到域需要注意以下几点：

（1）默认情况下，一个普通域账号最多可以将 10 台计算机加入到域，这有可能导致普通员工将一些外部计算机加入到域中，并导致一些不可预期的安全隐患。活动目录可以通过修改普通用户账号允许将计算机加入到域的数量由 10 改为 0，这样普通用户账号就不具备将计算机加入到域的权限了。

（2）域管理员账号可以不受限制的将计算机加入到域中。

（3）域管理员可以委派域用户将指定的客户机加入到域。

例如，一台客户机（计算机名为 sqlserver2）要加入到 AD 的【网络部】OU 中，域管理员可以右键单击【Active Directory 用户与计算机】管理控制台的【网络部】OU，在弹出的快捷菜单中选择【新建】→【计算机】命令，将弹出如图 10-1 所示的【新建对象-计算机】对话框。在【计算机名】文本框中输入"sqlserver2"，在【用户或组】中选择网络部用户"jack@edu.cn"（授权普通用户"jack"），这样用户"jack"就可以以将该客户机加入到域中。计算机 sqlserver2 加入到域后用户"jack"的委派工作也就结束了。

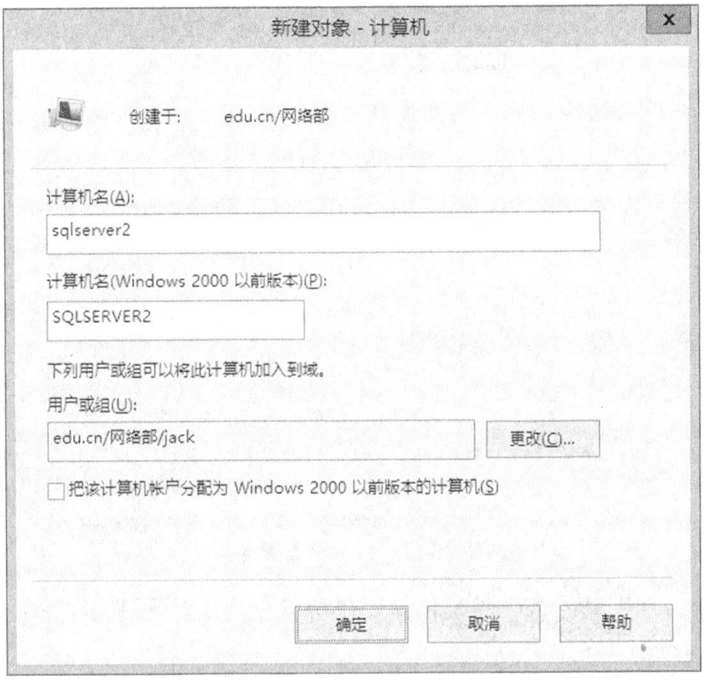

图 10-1 【新建对象-计算机】

项目分析

对于问题（1），公司可以限制普通用户账号将计算机加入到域的权限。

对于问题（2），网络管理员可以预先获得这台要加入到域的计算机名和使用该计算机的域用户账号，然后在域控制器上创建计算机账号，并授权该用户账号将该计算机加入到域，最后分公司或办事处的使用该用户将该计算机加入到域即可。

对于问题（3），如果一台域客户机因故有相当长一段时间未登录过域，那么这台域客户机对应的计算机账号就会过期，在域环境中，类似于 DHCP 服务器与客户机，域控制器和域客户机会定期更新契约，并基于该契约建立安全通道，如果契约过期并完全失效，那么就会导致域控制器和域客户机的信任关系破坏。如果要修复它们的信任关系，可以先在活动目录中删除该计算机账号，然后用该计算机的管理员账号退出域再重新加入到域。

项目操作

1. 通过修改普通用户账号允许将计算机加入到域的数量由 10 改为 0

（1）在【服务器管理器】主窗口下，打开【ADSI 编辑器】，右键单击【ADSI 编辑器】，在弹出的快捷菜单中选择【连接到(C)...】，如图 10-2 所示。

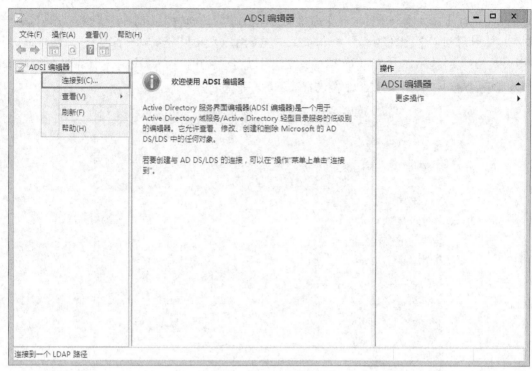

图 10-2 【ADSI 编辑器】

（2）在弹出的【连接设置】中保持默认设置并单击【确定】，打开【默认命名上下文[DC1.edu.cn]】，如图 10-3 所示。

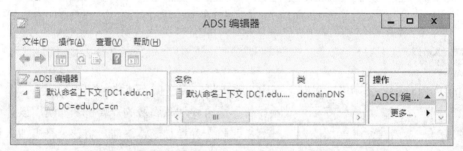

图 10-3 【ADSI 编辑器】——【默认命名上下文[DC1.edu.cn]】

（3）展开【默认命名上下文[DC1.edu.cn]】右键【DC=edu,DC=cn】选择【属性】在弹出的【属性】对话框中找到【ms-DS-MachineAccountQuota】，如图 10-4 所示。

（4）将【ms-DC-MachineAccountQuota】默认值 10 改为 0。这样普通用户加域的数量就为 0 台，即普通用户不可将计算机加入域。

（5）使用域用户"tom"将一台普通客户机加入到域，结果不成功，并提示"已超出此域所允许创建的计算机账户的最大值"，如图 10-5 所示。

（6）使用域管理员账号"administrator"授权时，提示"欢迎加入到 edu.cn 域"，如图 10-6 所示。

图 10-4 【DC=edu,DC=cn 属性】

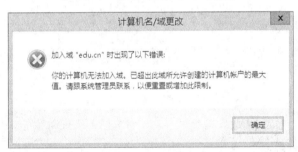

图 10-5 加入操作未成功

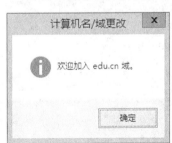

图 10-6 成功加入域【确定】对话框

2. 通过授权普通域用户将指定计算机加入到域

假设有一台业务部的计算机，计算机名为 win81，该计算机是分配给 jack 使用的，因此公司决定通过授权 jack 将该计算机加入到域。

（1）右键单击域控制器的【Active Directory 用户和计算机】的【业务部】OU，在弹出的快捷菜单中选择【新建】→【计算机】命令，如图 10-7 所示。

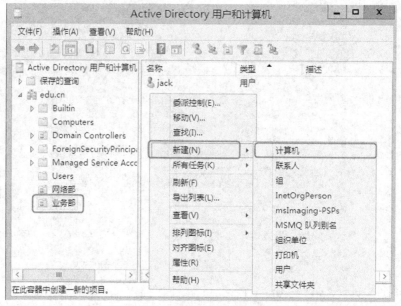

图 10-7 新建-计算机账号

（2）在弹出如图 10-8 所示的【新建对象-计算机】对话框中输入计算机名"win81"，并单击【更改(C)...】按钮选择授权将该计算机加入到域的用户或组账号。

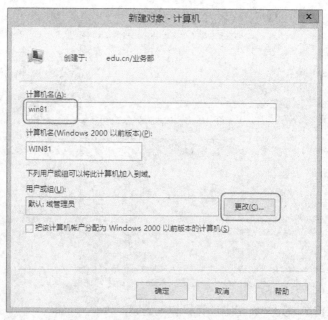

图 10-8 【新建对象-计算机】对话框 1

（3）在弹出的如图 10-9 所示的【选择用户或组】对话框中的文本框中输入 jack 的域账号"jack@edu.cn"，单击【确定】按钮，结果如图 10-10 所示。

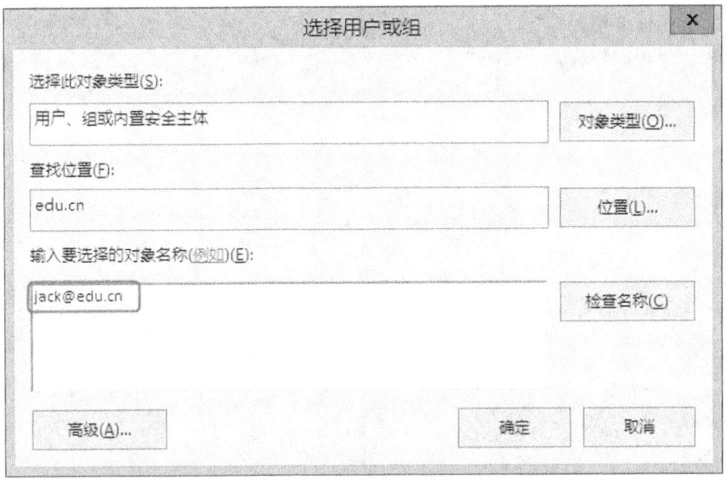

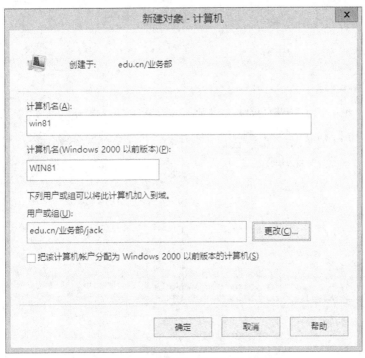

图 10-9 【选择用户或组】对话框

图 10-10 【新建对象-计算机】对话框 2

（4）右键单击新建的计算机账号"win81"，在弹出的快捷菜单中查看该账户的【常规】属性和【操作系统】属性，结果如图 10-11 所示。该计算机账号目前可以理解为预注册，它的很多信息还不完整，这需要计算机加入到域后再由域控制器根据客户机信息自动完善。

（5）在 win81 客户机使用域账号"jack"加入到域后，系统提示"成功加入到域"，此时域普通账号并不受"普通用户允许将计算机加入到域的数量属性"的限制。计算机 win81 加入成功后，结果如图 10-12 所示，其客户机相关信息已经由域控制器自动补充完成。

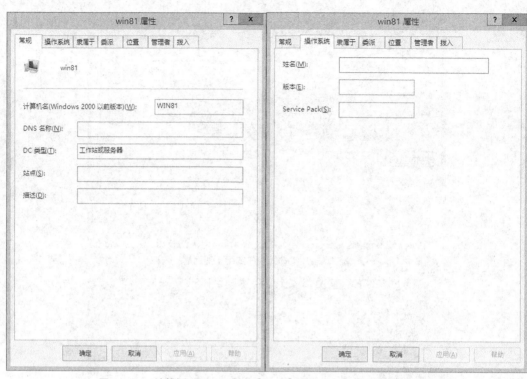

图 10-11　计算机 win81 属性的【常规】选项卡和【操作系统】选项卡

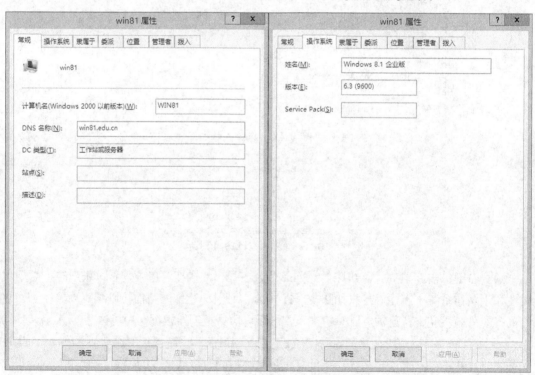

图 10-12　计算机 win81 属性的【常规】选项卡和【操作系统】选项卡

习题与上机

一、简答题

（1）禁止普通用户有权限将计算机加入域有什么作用？

（2）分析一下加域时出错可能存在的原因。

（3）分析一下管理加域权限对域安全的好处。

二、项目实训题

（1）项目背景

以学生姓名简写（拼音的首字母）.cn 为域名建立自己的公司域，采用的 IP 地址段统一为 10.x.y/24（x 为班级编号，y 为学号）。

（2）项目要求

指定"jack"用户具备将客户机加入域的权限，尝试使用其他用户加域时会出现什么问题，并截取实验结果。

项目拓扑如图 10-13 所示。

登录到客户机

域控制器　　客户机

图 10-13　项目拓扑

项目 11
组的管理与
AGUDLP 原则

项目描述

EDU 公司目前正在进行某工程的实施，该工程需要总公司工程部和分公司工程部协同，需要创建一共享目录，供总公司工程部和分公司工程部共享数据，公司决定在子域控制器 GZ 上临时创建共享目录。请通过权限分配使得总公司工程部和分公司工程部用户对共享目录有写入和删除权限。

项目拓扑如图 11-1 所示。

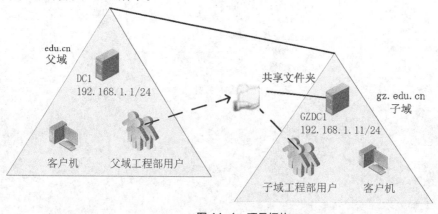

edu.cn
父域

DC1
192.168.1.1/24

客户机　　　父域工程部用户

共享文件夹

GZDC1
192.168.1.11/24

gz.edu.cn
子域

子域工程部用户　　　客户机

图 11-1　项目拓扑

相关知识

1. 组的类型

在活动目录中，有两种不同类型的组：通信组和安全组。

（1）通信组：其存储了用户的联系方式，用来实现批量用户账号的通信，如群发邮件、视频会议等，它没有安全特性，不可用于授权。

（2）安全组：具备通讯组的全部功能，并可用于为用户和计算机分配权限，是 Windows Servre 2012 标准的安全主体。

小测试： 创建一个通信组和一个安全组，并在域中创建一个共享目录，然后测试能否在该共享目录中给这两种类型的组授予访问权限。

2. 组的工作范围

组的工作范围是用来限制组的作用域的。在域中，根据组的工作范围进行分类有 3 种类型：本地组（DL）、全局组（G）和通用组（U）。组的工作范围与管理者如图 11-2 所示。

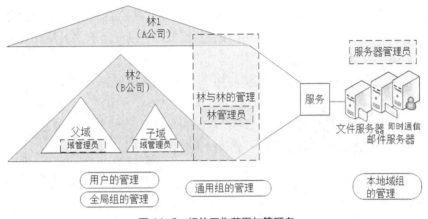

图 11-2　组的工作范围与管理者

（1）本地域组（DL）

作用范围：本域内。

管理者：域管理员或域内的服务器管理员负责管理。

成员范围：林中的所有用户/组账号。

（2）全局组（G）

作用范围：本域及信任域。

管理者：域管理员。

成员范围：本域中的所有用户/组账号。

（3）通用组（U）

作用范围：林中的所有域。

管理者：林管理员。

成员范围：林中的所有用户/组账号。

3. AGUDLP 原则

A 表示用户账号，G 表示全局组，U 表示通用组，DL 表示域本地组，P 表示资源权限。AGDLP 策略是将用户账号添加到全局组中，将全局组添加到域本地组中，然后为域本地组分配资源权限。

假设公司有两个域 A 和 B，A 域中的 5 个财务人员和 B 域中的 3 个财务人员都需要访问 B 域中文件共享服务器的【FINA】文件夹，这时，可以在 B 域中建一个 DL，因为 DL 的成员可以来自所有的域，然后把 8 个人都加入这个 DL，并把【FINA】的访问权赋给 DL。这样做的坏处是什么呢？因为 DL 是在 B 域中，所以管理权也在 B 域，如果 A 域中的 5 个人变成 6 个人，那么只能通知 B 域管理员，将 DL 的成员做一下修改。事实上事情远没有这么简单，这需要两个公司的相互协调，落实到具体操作还需要有一个具体的申请和审批流程，完成这件事情往往不可能是高效的。

这时候，我们改变一下，在 A 和 B 域中都各建立一个全局组（Ga 和 Gb），然后在 B 域中建立一个 DL，把 Ga 和 Gb 都加入 B 域中的 DL 中，然后把【FINA】的访问权赋给 DL，这样，这两个 G 组就都有权访问【FINA】文件夹了（组嵌套与权限继承）。这时候，Ga 由 A 域的管理员管理，Gb 由 B 域的管理员管理，A 域管理员只需将 A 域的 5 个财务人员加入到 Ga 组中，同理 B 域管理员将 B 域的 3 个财务人员加入到 Gb 组中，就完成了。后续如果再有人员权限调整也只需 A、B 域管理员对自己的组成员用户进行管理就可以了。这就是 AGDLP，其结构如图 11-3 所示，其操作位置如图 11-4 所示。

对于多个相同权限的用户，只需将其添加到组中并给组授权就行了。或许每个网管都有自己独特的方法达到该目的，但微软公司推荐的 AGDLP 方案已经被无数成功的实践证明了是一种最有效率的途径。不论单域还是多域，如能充分的运用 G 组和 DL 组进行合理的用户添加、嵌套与权限的分配，应付日常管理工作十分高效。

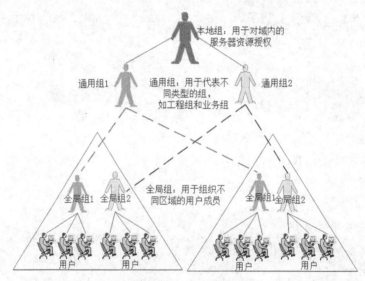

图 11-3 AGUDL 结构

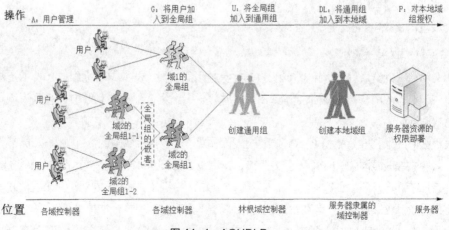

图 11-4 AGUDLP

（1）AGDLP 原则（适用于单林环境）

① 将用户加入到全局组 G。

② 将全局组加入到本地组 DL。

③ 设置本地组的权限 P。

通过本地组的授权（如服务器共享目录权限），实现全域用户的授权。

（2）AGUDLP 原则（适用于多林环境）

① 将用户加入到全局组。

② 将全局组加入到通用组（安全组）。

③ 将通用组加入到本地组。

④ 设置本地组的权限。

通过本地组的授权（如服务器共享目录权限），实现全林用户的授权。

项目分析

为本项目创建的共享目录需要对总公司工程部和分公司工程部用户配置写入和删除权限。

解决方案：

（1）在总公司和分公司 DC 上创建相应工程部员工用户。

（2）在总公司 DC 上创建全局组【project_edu_Gs】，并将总公司工程部用户加入到该全局组；在分公司上创建全局组【project_gz_Gs】，并将分公司工程部用户加入到该全局组。

（3）在总公司 DC(林根)上创建通用组【project_Us】，并将总公司和分公司的工程全局组配置为成员

（4）在子公司 GZDC 上创建本地域组【projects_gz】，并将通用组【project_Us】加入到本地域组。

（5）创建共享目录【projects_share】，配置本地域组权限为读写权限。

实施后面临的问题：

（1）总公司工程部员工新增或减少。

总公司管理员直接对工程部用户进行【project_edu_Gs】全局组的加入与退出。

（2）分公司工程部员工新增或减少。

分公司管理员直接对工程部用户进行【project_gz_Gs】全局组的加入与退出。

项目操作

新建用户和组和创建共享目录并授权。

（1）在总公司 DC 上创建【Project】OU，在总公司的【Project】OU 里创建【Project_user1】和【Project_user2】工程部员工用户，如图 11-5 所示。

（2）在分公司 DC 上创建【Project】OU，在总公司的【Project】OU 里创建【Project_userA】和【Project_userB】工程部员工用户，如图 11-6 所示。

108

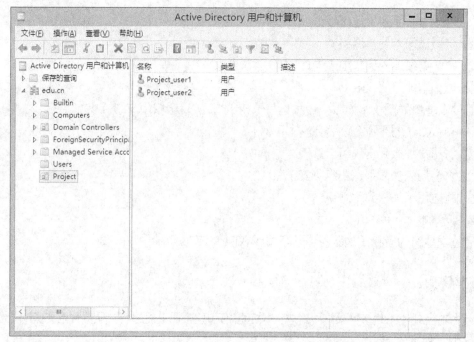

图 11-5　创建工程部员工用户

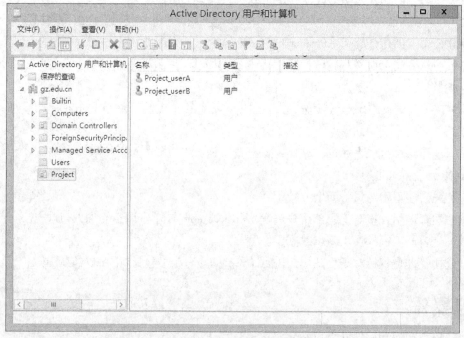

图 11-6　创建工程部员工用户

（3）在总公司 DC 上创建全局组【project_edu_Gs】，并将总公司工程部用户加入到该全局组，如图 11-7 所示。

（4）在分公司 DC 上创建全局组【project_gz_Gs】，并将分公司工程部用户加入到该全局组，如图 11-8 所示。

图 11-7　将工程部用户添加至组

图 11-8　将工程部用户添加至组

（5）在总公司 DC(林根)上创建通用组【project_Us】，并将总公司和分公司的工程部全局组配置为成员，如图 11-9 所示。

（6）在子公司 GZDC 上创建本地组【projects_gz】，并将通用组【project_Us】加入到本地组，如图 11-10 所示。

图 11-9　将全局组添加通用组

图 11-10　将通用组添加本地组

（7）创建共享目录【projects_share】，并配置本地组【projects_gz】权限为读写权限，如图

11-11 所示。

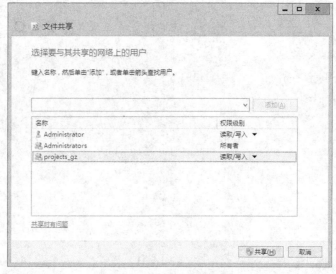

图 11-11 【文件共享】

（8）总公司工程部员工新增或减少:总公司管理员直接对工程部用户进行【project_edu_Gs】全局组的加入与退出。

（9）分公司工程部员工新增或减少:分公司管理员直接对工程部用户进行【project_gz_Gs】全局组的加入与退出。

项目验证

（1）使用总公司域用户"Project_user1"访问【\\gzdc1.gz.edu.cn\projects_share】共享，并能够成功读取写入文件，如图 11-12 所示。

图 11-12 访问共享目录

（2）使用分公司域用户"Project_userA"访问【\\gzdc1.gz.edu.cn\projects_share】共享，并能够成功读取写入文件，如图 11-13 所示。

图 11-13　访问共享目录

（3）使用总公司域用户"test"访问【\\gzdc1.gz.edu.cn\projects_share】共享，提示没有访问权限，因为【test】用户不是工程部用户，如图 11-14 所示。

图 11-14　提示没有访问权限

习题与上机

一、简答题

（1）通信组和本地组的区别是什么？

（2）使用 AGUDLP 原则有什么作用？

（3）解释一下小企业是否可以不使用 AGUDLP 原则。

（4）NTFS 权限与共享权限冲突时具体权限怎么样？

二、项目实训题

（1）项目背景

以学生姓名简写（拼音的首字母）.cn 为域名建立自己的公司域，采用的 IP 地址段统一为 10.x.y/24（x 为班级编号，y 为学号）。

（2）项目要求

在子域上创建共享目录，并配置 AGUDLP 权限，用工程部用户登录主域客户机，并访问共享目录，新建一个文本文件；用其他用户登录主域客户机，并访问共享目录；显示子域控制器共享目录的权限（是否是 AGUDLP 原则授权），并截取实验结果。

项目拓扑如图 11-15 所示。

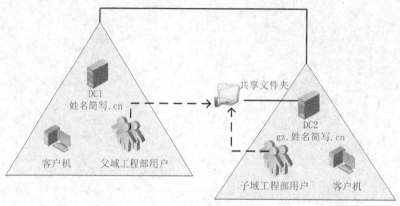

图 11-15　项目拓扑

PART 12

项目 12
AGUDLP 项目实战

项目描述

　　EDU 公司目前正在进行集团办公自动化项目的开发，该项目由总公司软件组和分公司软件组共同研发，由总公司业务组负责需求调研，分公司销售组负责前期推广宣传。为促进该项目的良好运转，总公司决定在一台成员服务器上搭建 FTP 服务，用于数据共享和网站发布。为此公司在 FTP 服务器的 FTP 站点根目录下创建了两个子目录：【数据共享】和【网站发布】，并做以下权限部署：

　　（1）允许软件组对这两个目录写入、删除和读取权限。

　　（2）允许业务组写入、删除和读取【数据共享】目录。

　　（3）允许销售组读取【网站发布】目录。

　　（4）不允许用户修改 FTP 主目录。

　　公司网络拓扑如图 12-1 所示。

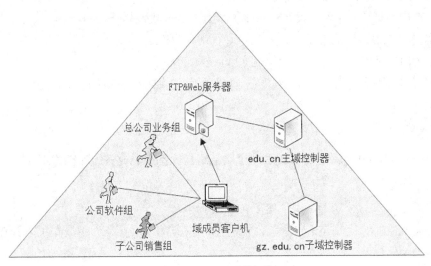

图 12-1　公司网络拓扑

相关知识

参考项目 11。

项目分析

本项目是要在 FTP 服务器上创建一个 Internet 文件共享服务供公司的业务组、软件组和销售组访问，以协同实现集团办公自动化项目。因此需要解决两个问题：

（1）用户的管理

由于文件共享服务中涉及多个部门的不同类型权限，因此根据前序知识，应采用 AGUDLP 原则设计和实现用户组的管理。

（2）权限的分配

在 NTFS 文件系统中配置和部署 FTP 服务时，FTP 服务的访问权限将由 FTP 站点的权限和发布目录的 NTFS 权限共同决定（双权限）。

因此，在 FTP 服务权限的分配中一般遵循"FTP 站点权限最大化、NTFS 权限粒度化原则"，也就是在 FTP 权限中给予【读取】和【写入】权限，在 FTP 站点目录/子目录给予特定权限。

因此在本项目中可以这样部署该 FTP 服务的访问权限：

（1）在 FTP 站点权限中给予【读取】和【写入】权限。

（2）在 FTP 站点主目录给予【业务组】、【软件组】、【销售组】分配【读取】权限（满足第 4 个要求）。

（3）对 FTP 站点的【数据共享】目录，配置 NTFS 权限如下：

① 禁用 NTFS 权限的继承性，并删除所有账户的权限。

② 新增【软件组】给予【完全控制】权限。

③ 新增【业务组】给予【完全控制】权限。

（4）对 FTP 站点的【网站发布】目录，配置 NTFS 权限如下：

① 禁用 NTFS 权限的继承性，并删除所有账户的权限。

② 新增【软件组】给予【完全控制】权限。

③ 新增【销售组】给予【读取和执行】、【列出文件夹内容】、【读取】权限。

项目操作

1. 根据 AGUDLP 原则分别创建 3 个功能组：软件组、业务组和销售组

（1）软件组

① 在总公司和分公司 DC 上创建【软件组】OU。

② 在总公司 DC 上创建【软件总公司全局组】，并将总公司软件组成员加入到该全局组，如图 12-2 所示。

③ 在分公司 DC 上创建【软件分公司全局组】，并将分公司软件组成员加入到该全局组，如图 12-3 所示。

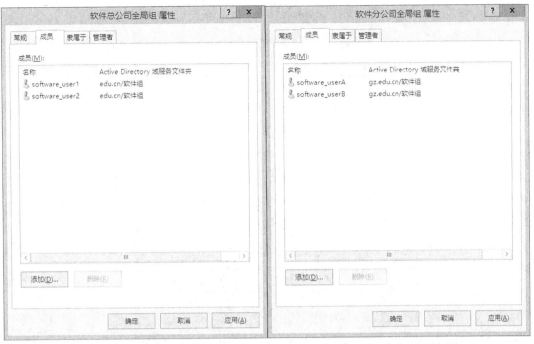

图 12-2　软件总公司全局组　　　　　　　图 12-3　软件分公司全局组

④ 在总公司 DC 上创建【软件通用组】，并将【软件总公司全局组】和【软件分公司全局组】加入到该通用组，如图 12-4 所示。

图 12-4　软件通用组

⑤ 在总公司 DC 上创建【软件本地域组】，并将【软件通用组】加入到该本地组，如图 12-5 所示。

图 12-5　软件本地域组

（2）业务组

① 在总公司DC上创建【业务组】OU。

② 在总公司DC上创建【业务总公司全局组】，并将总公司业务组成员加入到该全局组，如图 12-6 所示。

图 12-6　业务总公司全局组

③ 在总公司 DC 上创建【业务通用组】，并将【业务总公司全局组】加入到该通用组，如图 12-7 所示。

图 12-7 业务通用组

④ 在总公司 DC 上创建【业务本地域组】，并将【业务通用组】加入到该本地组，如图 12-8 所示。

图 12-8 业务本地域组

（3）销售组

① 在总公司和分公司 DC 上创建【销售组】OU。

② 在分公司 DC 上创建【销售分公司全局组】，并将分公司销售组成员加入到该全局组，如图 12-9 所示。

图 12-9　销售分公司全局组

③ 在总公司 DC 上创建【销售通用组】，并将【销售分公司全局组】加入到该通用组，如图 12-10 所示。

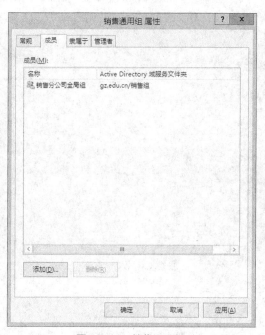

图 12-10　销售通用组

④ 在总公司 DC 上创建【销售本地域组】，并将【销售通用组】加入到该本地组，如图 12-11 所示。

图 12-11　销售本地域组

2. 配置 Web 服务和 FTP 服务

（1）使用 "edu.cn\administrator" 登录成员服务器。

（2）在【服务器管理器】主窗口下，单击【添加角色和功能】，勾选【Web 服务器(IIS)】复选框并添加相应功能，在【角色服务】中勾选【基本身份验证】和【FTP 服务器】复选框，如图 12-12 所示。

（3）在 C 盘(或其他任意盘)建立【FTP】目录，并在【FTP】目录中创建【数据共享】和【网站发布】目录。

（4）单击【服务器管理器】的【工具】→【Internet Information Server(IIS)管理器】，右键单击【网站】，在弹出的快捷菜单中单击【添加 FTP 站点...】，在弹出的【添加 FTP 站点】对话框中输入【FTP 站点名称】和选择【物理路径】，如图 12-13 所示。

（5）在【绑定和 SSL 设置】界面中选择【绑定】的【IP 地址】，在【SSL】中选择【无 SSL（L）】，如图 12-14 所示。

（6）根据业务需求权限最大化原则，部署 FTP 站点的权限为 "读取和写入"（因为这里的业务需求权限之和是读取和写入）在【身份验证和授权信息】界面的【身份验证】中勾选【基本】复选框，在【允许访问】中选择【所有用户】，勾选【权限】中的【读取】和【写入】复选框，如图 12-15 所示。

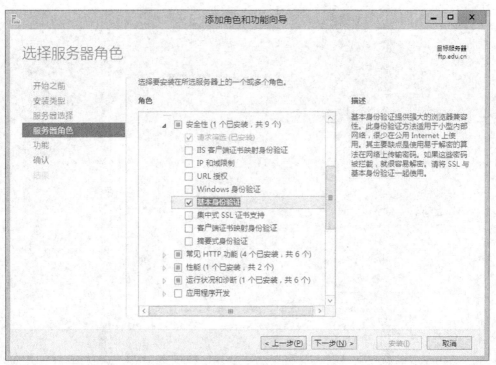

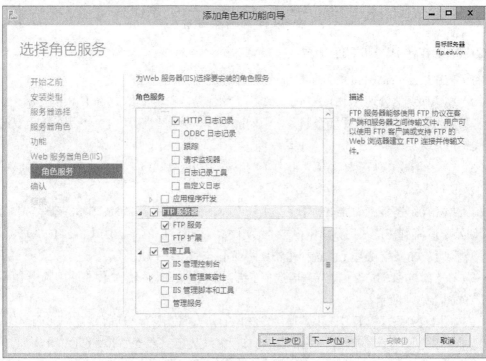

图 12-12　勾选【FTP 服务器】

图 12-13 【站点信息】

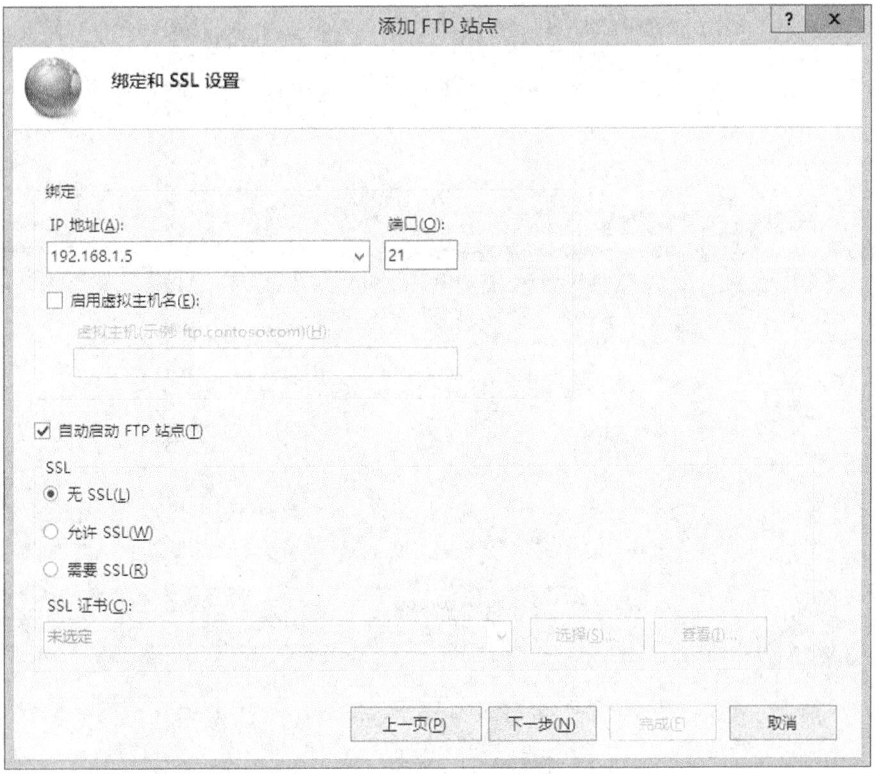

图 12-14 【绑定和 SSL 设置】

（7）设置【FTP】主目录的 NTFS 权限，只允许【业务本地域组】、【软件本地域组】、【销售本地域组】读取，拒绝写入和删除（避免用户误操作或恶意操作），如图 12-16 所示。

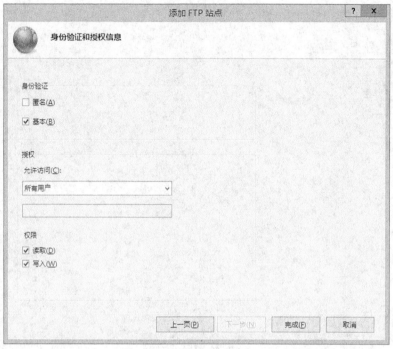

图 12-15　【身份验证和授权信息】

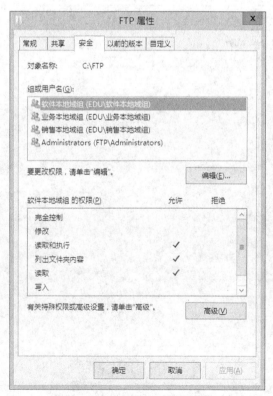

图 12-16　【FTP】目录的权限

（8）配置【数据共享】目录的权限如下。

业务本地域组：允许读取、写入和删除。

软件本地域组：允许读取、写入和删除。

销售本地域组：拒绝读取、写入和删除，如图 12-17 所示。

（【删除子文件夹及文件】该选项在 NTFS 高级里）

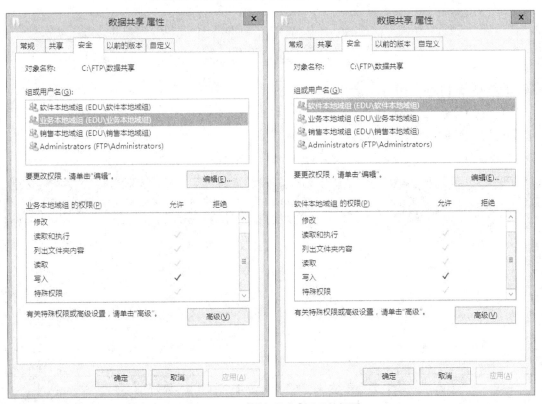

图 12-17　【数据共享】目录的权限

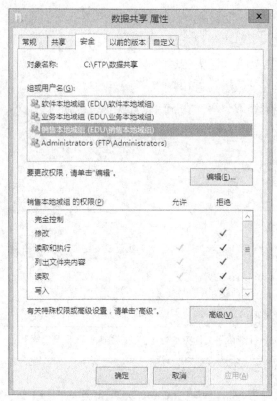

图 12-17 【数据共享】目录的权限（续）

（9）配置【网站发布】目录的权限如下。

业务本地域组：拒绝读取、写入和删除。

软件本地域组：允许读取、写入和删除。

销售本地域组：允许读取，拒绝写入和删除，如图 12-18 所示。

（【删除子文件夹及文件】该选项在 NTFS 高级里）

图 12-18 【网站发布】目录的权限

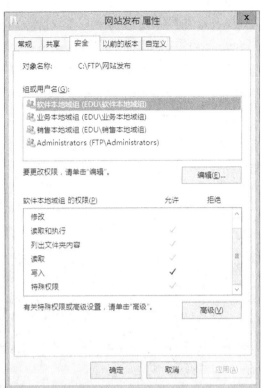

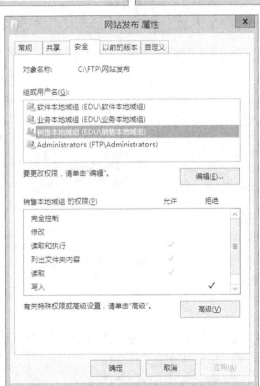

图 12-18 【网站发布】目录的权限（续）

（10）配置网站发布，发布目录设置为 FTP 主目录下的【网站发布】目录，并创建一个简单的网页，网页内容为"网站发布"，如图 12-19 所示。

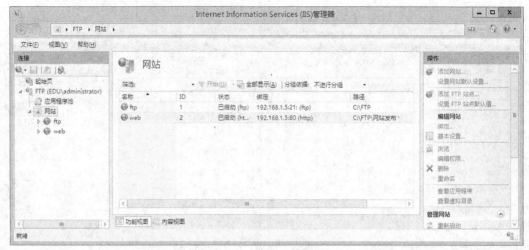

图 12-19 发布网站

（11）在【身份验证】配置界面中，将【匿名身份验证】禁用，启用【基本身份验证】，如图 12-20 所示。

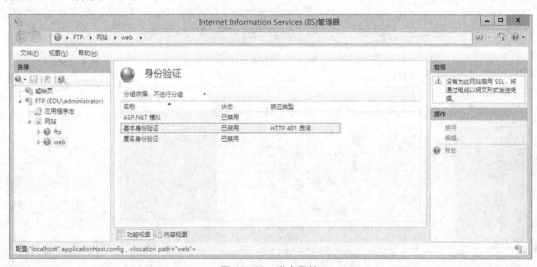

图 12-20 发布网站

项目验证

（1）使用总公司软件组和分公司软件组用户访问 FTP 和网站，软件组用户可以：

① 向【数据共享】目录读取、写入和删除文件。

② 向【网站发布】目录读取、写入、删除文件。

③ 能够访问到【网站发布】目录里的网页，如图 12-21 所示。

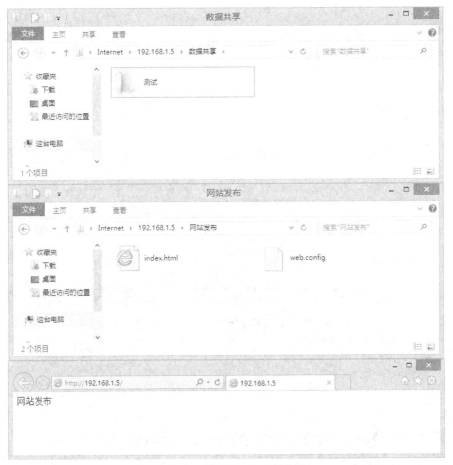

图 12-21　访问 FTP、网站结果

（2）使用总公司业务组用户访问 FTP 和网站，业务组用户可以：

① 向【数据共享】目录读取、写入和删除文件。

② 不能读取【网站发布】目录里的文件。

③ 不能访问【网站发布】目录里的网页，如图 12-22 所示。

图 12-22　访问 FTP、网站结果

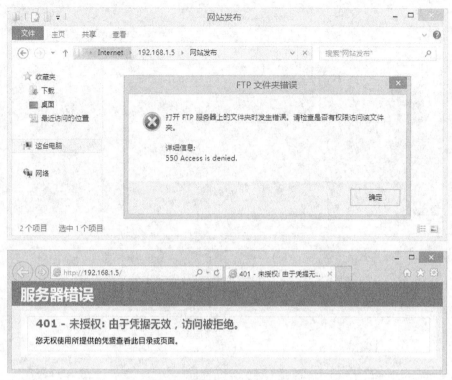

图 12-22　访问 FTP、网站结果（续）

（3）使用分公司销售组用户访问 FTP 和网站，销售组用户可以：

① 读取【网站发布】目录里的文件，但不能写入和删除文件。

② 不能读取【数据共享】目录里的文件。

③ 能够访问【网站发布】目录里的网页，如图 12-23 所示。

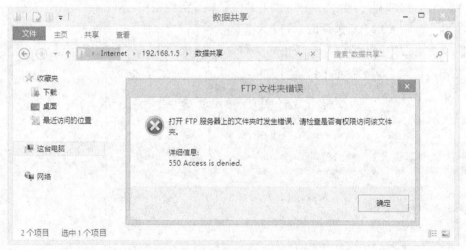

图 12-23　访问 FTP、网站结果

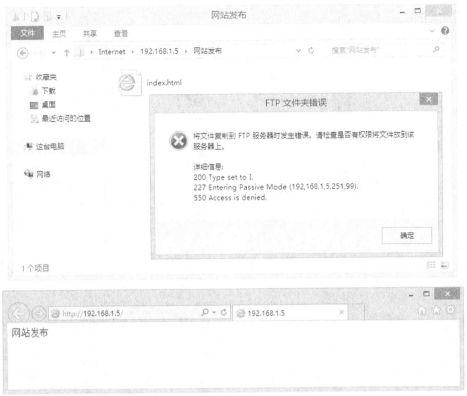

图 12-23 访问 FTP、网站结果（续）

习题与上机

项目实训题

（1）项目背景

某公司目前正在进行集团办公自动化项目的开发，该项目由总公司软件组和分公司软件组共同研发，由总公司业务组负责需求调研，分公司销售组负责前期推广宣传。为促进该项目的良好运转，总公司决定通过一台成员服务器上搭建 FTP 服务，用于数据共享和网站发布（总公司为父域，分公司为子域，成员服务器架设在总公司）。

以学生姓名简写（拼音的首字母）.cn 为域名建立自己的公司域，采用的 IP 地址段统一为 10.x.y/24（x 为班级编号，y 为学号）。

（2）项目要求

① FTP 服务有两个目录：【数据共享】和【网站发布】。

② FTP 服务允许软件组对这两个目录写入、删除和读取权限。

③ 允许业务组写入、删除和读取【数据共享】目录。

④ 允许销售组读取【网站发布】目录。

⑤ 查看 FTP 服务两个目录的权限。

⑥ 分别用业务组、软件组、销售组用户访问 FTP，验证权限授权正确与否。

⑦ 截取实验结果。

项目拓扑如图 12-24 所示。

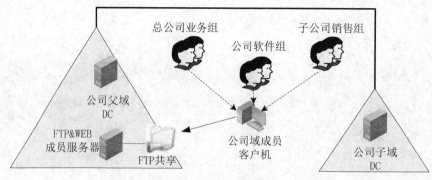

图 12-24　项目拓扑

第5部分

域文化服务的搭建

项目 13
AD 环境下多用户隔离
FTP 实验

项目描述

EDU 公司已经搭建好域环境，业务组因业务需求，需要在服务器上存储相关业务数据，但是业务组希望各用户目录相互隔离（仅允许访问自己目录而无法访问他人目录），每一个业务员允许使用的 FTP 空间大小为 100MB。为此，公司决定通过 AD 中的 FTP 隔离来实现此应用。

相关知识

1. Windows Server 2012 FTP 服务器的安装与配置

在 FTP 站点的创建中提供了隔离用户和非隔离用户站点。

对于非隔离用户 FTP 站点，当域用户访问时，都将进入相同的 FTP 主目录。

对于隔离用户 FTP 站点，Windows Server 2012 提供了差异化 FTP 主目录服务，FTP 站点会根据用户身份进入不同的 FTP 主目录，即为每一个用户提供独立的 FTP 访问空间，同时不允许他们访问其他用户的目录。

隔离用户 FTP 站点可以分为域隔离用户站点和非域隔离用户站点。

（1）非域环境下的隔离用户 FTP 站点的参考步骤为：

① 创建非域环境隔离用户 FTP 站点，并在 FTP 主目录创建 localuser 目录。

② 在 localuser 目录下创建同 Windows 用户名称相同名字的子目录，如 administor。

③ 对各用户目录授权。

④ 用户以各自的用户名称及密码登录验证。

（2）域环境下隔离用户 FTP 站点：

① 创建一个 FTP 服务账户，并允许该服务账号读取域用户的信息。

② 创建一个域环境 FTP 隔离站点，并根据提示输入这个服务账户。

③ 为 FTP 站点创建一个主目录，并在该主目录中为每一个域用户账号创建子目录，并分配相关权限。

④ 在 AD 数据库中为各域用户账号设置 FTP 的主目录和子目录。

2. Windows Server 2012 磁盘配额的配置与管理

磁盘配额可实现控制用户对磁盘存储数据的容量大小。

项目分析

通过建立基于域的隔离用户 FTP 站点和磁盘配额技术可以实现本项目。

项目操作

1. 创建业务部 OU 及用户

（1）首先在【DC1】中新建一个名为【sales】的 OU，在【sales】中新建用户，用户名分别为 "salesman1"、"salesman2"、"salesman_master"，如图 13-1 所示。

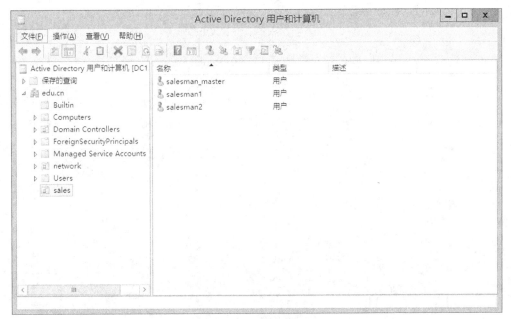

图 13-1　创建 OU 及用户

（2）委派 "salesman_master" 用户对【sales】OU 里有【读取所有用户信息】权限（"salesman_master" 为 FTP 的服务账号），如图 13-2 所示。

2. 成员服务器 FTP 配置

（1）使用 "edu.cn\administrator" 登录成员服务器。

（2）在【服务器管理器】中单击【添加角色和功能】，勾选【Web 服务器(IIS)】复选框并添加相应功能，在【角色服务】中勾选【FTP 服务器】复选框，如图 13-3 所示。

（3）在 C 盘(或其他任意盘)建立主目录【FTP_sales】，在【FTP_sales】中分别建立用户名所对应的文件夹【salesman1】、【salesman2】，如图 13-4 所示。

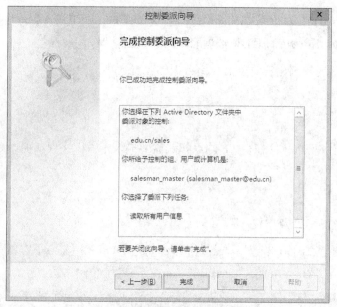

图 13-2　委派权限

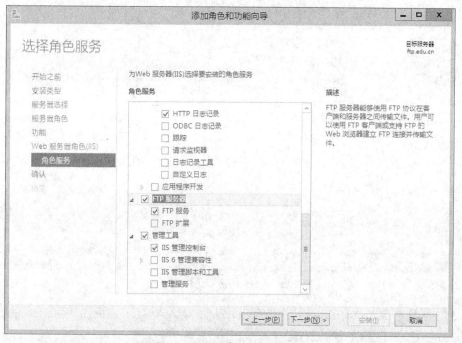

图 13-3　勾选【FTP 服务器】

（4）单击【服务器管理器】的【工具】→【Internet Information Server(IIS)管理器】，右键单击【网站】，在弹出的快捷菜单中单击【添加 FTP 站点...】，在弹出的【添加 FTP 站点】对话框中输入【FTP 站点名称】和选择【物理路径】，如图 13-5 所示。

（5）在【绑定和 SSL 设置】界面中选择【绑定】的【IP 地址】，在【SSL】中选择【无 SSL（L）】，如图 13-6 所示。

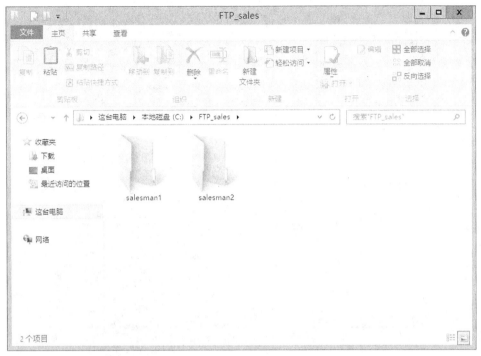

图 13-4　新建文件夹

图 13-5　【添加 FTP 站点】

（6）在【身份验证和授权信息】界面的【身份验证】中勾选【匿名】和【基本】复选框，在【允许访问】中选择【所有用户】，勾选【权限】中的【读取】和【写入】复选框，如图 13-7 所示。

136

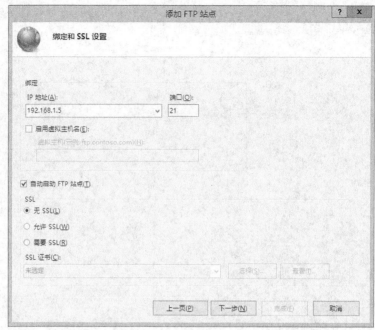

图 13-6 【绑定和 SSL 设置】

图 13-7 【身份验证和授权信息】

（7）在【IIS 管理器】的【ftp】中选择【FTP 用户隔离】，如图 13-8 所示。

（8）在【FTP 用户隔离】中选择【在 Active Directory 中配置的 FTP 主目录】，单击【设置】添加刚刚委派的用户，单击【应用】，如图 13-9 所示。

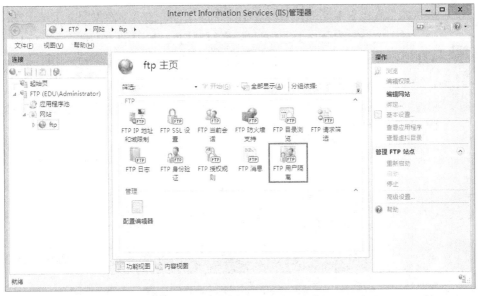

图 13-8　选择【FTP 用户隔离】

图 13-9　配置【FTP 用户隔离】

（9）单击【DC1】的【服务器管理器】的【工具】→【ADSI 编辑器】，右键单击【sales】OU 里的【salesman1】用户，在弹出的快捷菜单中选择【属性】对话框，在弹出的对话框中找到【msIIS-FTPDir】，该选项设置用户对应的目录，修改【msIIS-FTPRoot】，该选项设置用户对应的路径，如图 13-10 所示。

> 注意：【msIIS-FTPRoot】对应于用户的 FTP 根目录，【msIIS-FTPDir】对应于用户的 FTP 主目录，用户的 FTP 主目录必须是 FTP 根目录的子目录。

（10）使用同样的方式对【salesman2】用户进行配置。

3．配置磁盘配额

在【成员服务器】打开【这台电脑】，在 C 盘右键单击，在弹出的快捷菜单中选择【属性】

对话框，在弹出的【属性】对话框中选择【配额】选项卡，选择【启用配额管理】和【拒绝将磁盘空间给超过配额限制的用户】复选框，并将【将磁盘空间限制为】设置成 100MB 和【将警告等级设为】设置成 90MB，勾选【用户超出配额时记录事件】和【用户超出警告时记录事件】复选框，然后单击【应用】，如图 13-11 所示。

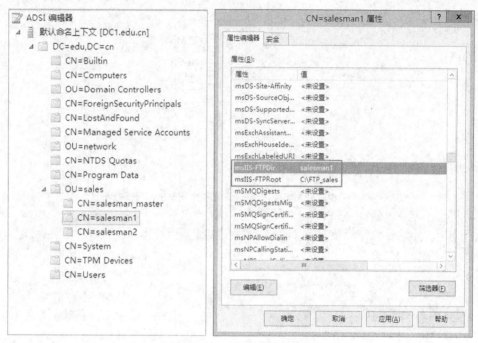

图 13-10　修改隔离用户属性

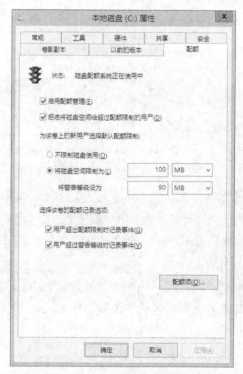

图 13-11　启用磁盘【配额】

项目验证

（1）使用"salesman1"用户访问 FTP，并成功上传文件，如图 13-12 所示。

注意：必须使用"edu.cn\salesman1"或"salesman1@edu.cn"登录。

图 13-12　登录成功并可上传文件

（2）使用"salesman2"用户访问 FTP 并成功上传文件，如图 13-13 所示。

图 13-13　登录成功并可上传文件

（3）当【salesman1】用户上传文件超过 100MB 时，会提示上传失败，如图 13-14 所示。

（4）在【成员服务器】打开【这台电脑】，在 C 盘右键单击，在弹出的快捷菜单中选择【属性】，在弹出的【属性】对话框中选择【配额】选项卡，选择【配额项】可以查看用户使用的空间，如图 13-15 所示。

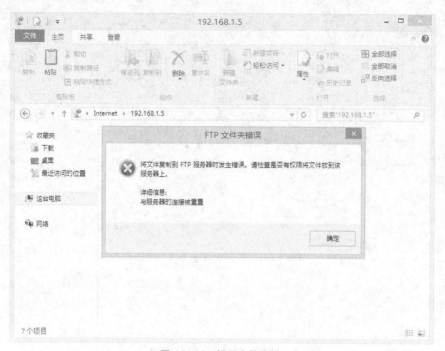

图 13-14　提示上传出错

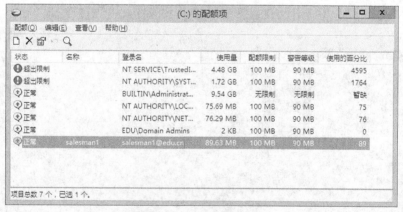

图 13-15　查看【配额项】

习题与上机

一、简答题

（1）请解释非域的用户隔离和域用户隔离的主要区别是什么？

（2）能否使用不存在的域用户进行多用户配置？

（3）请解释磁盘配额的作用是什么？

（4）请解释多用户隔离 FTP 的作用是什么?

二、项目实训题

（1）项目背景

以学生姓名简写（拼音的首字母）.cn 为域名建立自己的公司域，采用的 IP 地址段统一为 10.x.y/24（x 为班级编号，y 为学号）。

（2）项目要求

为域用户 jack 和 tom 配置多用户隔离 FTP，查看 FTP 隔离站点的属性；验证不同用户登录后的效果，并截取实验结果。

项目拓扑如图 13-16 所示。

图 13-16　项目拓扑

PART 14

项目 14
DFS 分布式文件系统的配置与管理（独立根目录）

项目描述

EDU 公司有多台成员服务器，每台服务器都有 1～2 个共享文件夹。员工经常访问多个不同的共享目录导致工作效率下降，公司决定采用分布式文件系统（Distributed File System, DFS）技术将所有共享目录链接在一起，从而使员工能够快捷访问到所有的共享文件夹。通过类似 FTP 虚拟目录，将多台服务器上的共享链接到一个公共共享目录，这样用户就可以通过一个公共共享目录浏览和访问所有的文件共享。

公司网络拓扑如图 14-1 所示。

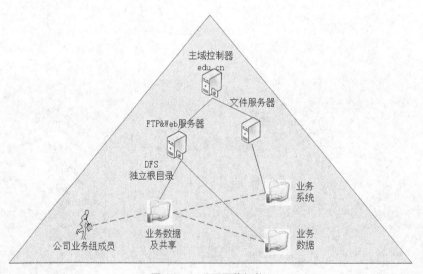

图 14-1 公司网络拓扑

相关知识

1. DFS 的定义

在大多数环境中，共享资源驻留在多台服务器上的各个共享文件夹中。要访问资源，用户或程序必须将驱动器映射到共享资源的服务器，或指定共享资源的通用命名约定 (UNC) 路径。例如：

\服务器名\共享名　　　或　　　　\服务器名\共享名\路径\文件名

通过分布式文件系统（DFS），一台服务器上的某个共享点能够作为驻留在其他服务器上的共享资源的宿主。DFS 以透明方式链接文件服务器和共享文件夹，然后将其映射到单个层次结构，以便可以从一个位置对其进行访问，而实际上数据却分布在不同的位置。用户不必再转至网络上的多个位置以查找所需的信息，而只需连接到 "\DfsServer\Dfsroot"。用户在访问此共享中的文件夹时将被重定向到包含共享资源的网络位置。这样，用户只需知道 DFS 根目录共享即可访问整个企业的共享资源。

DFS 提供了单个访问点和一个逻辑树结构。通过 DFS，可以将同一网络中的不同计算机上的共享文件夹组织起来，形成一个单独的、逻辑的、层次式的共享文件系统。用户在访问文件时不需要知道它们的实际物理位置，即分布在多个服务器上的文件在用户面前就如同在网络的同一个位置。

DFS 是一个树状结构，包含一个根目录和一个或多个 DFS 链接。要建立 DFS 共享，必须首先建立 DFS 根，然后在每一个 DFS 根下，创建一个或多个 DFS 链接，每一个链接可以指向网络中的一个共享文件夹如图 14-2 所示，公司创建了一个 DFS 根（共享）——销售部，然后在【销售部】DFS 根中链接【服务器 1】上的两个共享——【北部】和【东部】，链接【服务器 2】上的另外两个共享——【南部】和【西部】。此时用户无需知道在域上有【服务器 1】和【服务器 2】及其对应的共享，用户只需访问 DFS 根（共享）【销售部】就可以看到由这两台服务器提供的 4 个共享：【东部】、【西部】、【南部】和【北部】。因此，DFS 根可以通过 DFS 链接将域内的多个共享并在逻辑上建立一个树形结构，极大的方便了用户访问域内的文件共享。

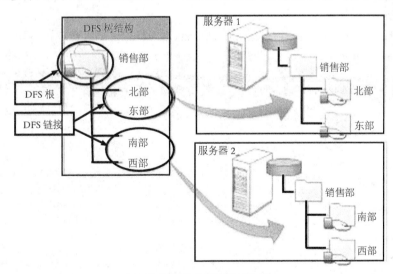

图 14-2　DFS 树结构示意图

2. DFS 的类型

DFS 有两种类型：独立 DFS 和域 DFS。

独立 DFS 的根和拓扑结构存储在单个计算机中，不提供容错功能，没有根目录级的 DFS 共享文件夹，只支持一级 DFS 链接。

基于域 DFS 根驻留在多个域控或成员服务器上，DFS 的拓扑结构存储在活动目录中，因而可以在活动目录的各主域控制器之间进行复制，提供容错功能，可以有根目录级的 DFS 共享文件夹，可以有多级 DFS 链接。

项目分析

在本项目中，仅需要建立公司所有文件共享服务器共享目录的逻辑链接，这样员工只要访问这个逻辑链接就可以快速查看和访问到公司所有的共享目录。因此，通过创建基于独立根目录的 DFS，将多台服务器的共享目录链接到一个公共目录，即可完成本项目。

根据公司网络拓扑，完成本项目的步骤如下：

（1）在 FTP&Web 成员服务器上配置共享，共享名称为"业务系统"，并基于 AGUDLP 原则配置共享的权限。

（2）在 FS 成员服务器上配置共享，共享名称为"业务数据"，并基于 AGUDLP 原则配置共享的权限。

（3）在 FTP&Web 成员服务器上启动"分布式文件系统"。

（4）在 FTP&Web 成员服务器上创建独立根目录，目录名称为"业务数据及共享"。

（5）在该根目录下链接以上两个共享。

（6）在客户机映射 DFS 独立根目录为网络驱动器。

项目操作

（1）在 FTP&Web 成员服务器上配置共享，共享名称为"业务系统"，如图 14-3 所示。共享目录的 AGUDLP 原则权限配置省略。

图 14-3　在 FTP&Web 上配置共享

（2）在 FS 成员服务器上配置共享，共享名称为"业务数据"，如图 14-4 所示。共享目录的 AGUDLP 原则权限配置省略。

（3）使用"edu.cn\administrator"登录 FTP&Web 成员服务器。

图 14-4　在 FS 上配置共享

（4）在【服务器管理器】下单击【添加角色和功能】，勾选【DFS 命名空间】并添加相应功能，如图 14-5 所示。

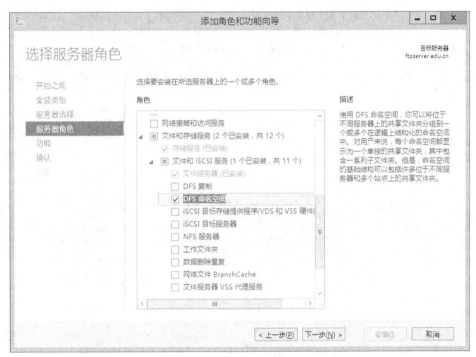

图 14-5　【选择服务器角色】

（5）在【服务器管理器】下单击【工具】的【DFS Management】，单击【新建命名空间】，在弹出的对话框中选择【ftpserver】为【服务器】，配置【命名空间名称】为【业务数据及共享】并选择【独立命名空间】，复查设置并创建命名空间，如图 14-6 所示。

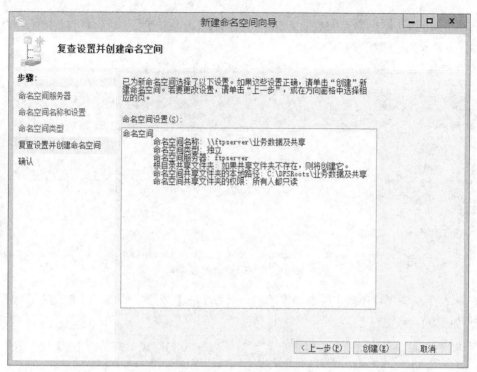

图 14-6　新建命名空间

（6）在该根目录下新建文件夹，分别链接【业务系统】和【业务数据】两个共享，如图 14-7 所示。

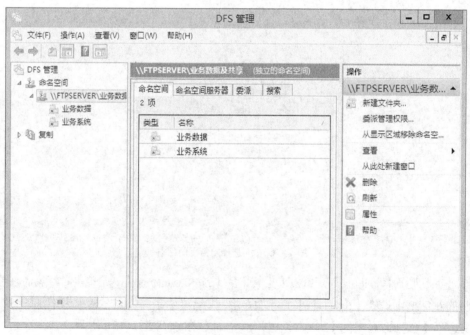

图 14-7　新建文件夹

（7）在客户机映射网络驱动器（独立根目录），如图 14-8 所示。

图 14-8 【映射网络驱动器】

（8）在客户机映射网络驱动器成功，如图 14-9 所示。

图 14-9 查看网络驱动器

项目验证

在任意一台机器上测试登录根目录共享，即可访问到所有的共享目录，如图 14-10 所示。

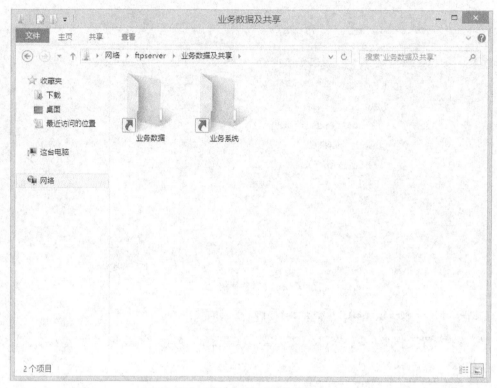

图 14-10　查看 DFS 共享目录

习题与上机

一、简答题

（1）请解释 DFS 的主要作用是什么。

（2）DFS 和共享目录最大的区别是什么？

（3）DFS 和 FTP 的主要区别是什么？

（4）域环境中能否配置为独立根目录？

二、项目实训题

（1）项目背景

以学生姓名简写（拼音的首字母）.cn 为域名建立自己的公司域，采用的 IP 地址段统一为 10.x.y/24（x 为班级编号，y 为学号）。

（2）项目要求

配置 DFS（独立根目录），在任意一台机器上测试登录根目录共享，即可访问到所有的共享目录，并截取实验结果。

项目拓扑如图 14-11 所示。

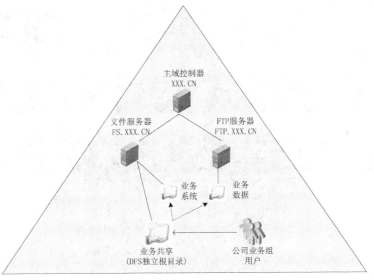

图 14-11　项目拓扑

项目 15
DFS 分布式文件系统的配置与管理（域根目录）

项目描述

EDU 公司有两台文件服务器，这两台文件服务器存储有公司日常运营所需的大量数据，公司策略要求实现这两台文件服务器数据的同步，而且能实现文件共享服务的负载均衡。

公司网络拓扑如图 15-1 所示。

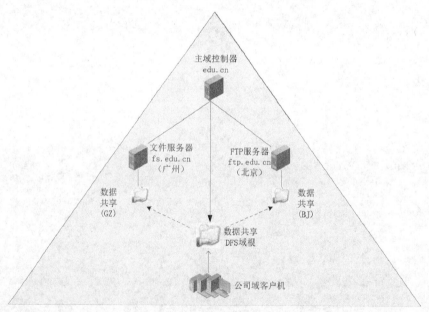

图 15-1　公司网络拓扑

相关知识

域 DFS 根目录将 DFS 根驻留在多个域控制器或成员服务器中，DFS 的拓扑结构存储在活动目录中。域管理员可以将一个 DFS 域共享链接至多个文件服务器的共享目录，这些位于不同文件服务器的共享目录可以互相进行复制并实现数据同步，如图 15-2 所示。

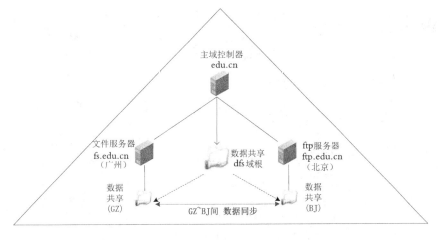

图 15-2　DFS 域根目录链接目标（共享）间的数据同步

　　同时，DFS 域根目录还提供负载均衡服务，由于 DFS 域根共享对应的目标服务器所存储的数据是一致的，因此当客户机访问 DFS 域根目录共享时，DFS 服务器可以根据服务器负载情况和就近原则分配一个链接共享为用户服务。如图 15-3 所示，当广州用户访问 DFS 根域时，DFS 根据就近原则，将会让广州服务器的共享为该用户提供共享访问服务；同理，北京的用户则分配给北京服务器的共享为该用户服务；如果是武汉用户，则根据负载均衡进行分配，如果两台服务器负载量一致，则随机分配。通过 DFS 负载均衡机制，有效提高了 DFS 文件共享的访问效率。

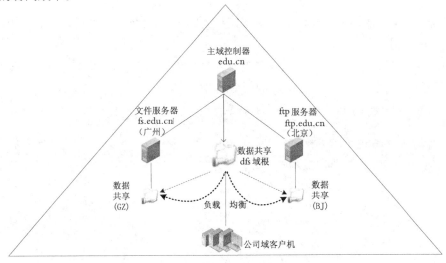

图 15-3　DFS 域根目录的负载均衡

项目分析

　　通过在域控制器上创建域 DFS 根目录，并在该 DFS 根目录上创建一个共享，该共享链接于两台提供文件共享的文件服务器的共享目录中，并配置同步（DFS 复制）。

项目操作

（1）在 FTP&Web 成员服务器上配置共享，共享名称为"share"，并配置共享目录权限为【Everyone】具备【读写权限】，如图 15-4 所示。

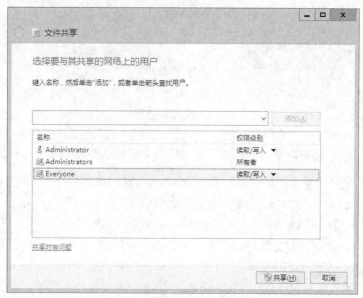

图 15-4　在 FTP&Web 上配置共享

（2）在 FS 成员服务器上配置共享，共享名称为"share"，并配置共享目录权限为【Everyone】具备【读写权限】。

（3）在域控制器（DC1）的【服务器管理器】下单击【添加角色和功能】，勾选【DFS 复制】和【DFS 命名空间】并添加相应功能，如图 15-5 所示。

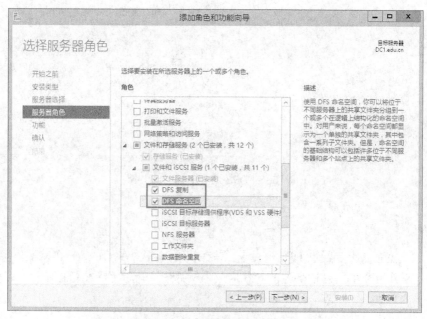

图 15-5　【选择服务器角色】

（4）在【ftpserver】和【fs】成员服务器的【服务器管理器】下单击【添加角色和功能】，勾选【DFS 复制】并添加相应功能，如图 15-6 所示。

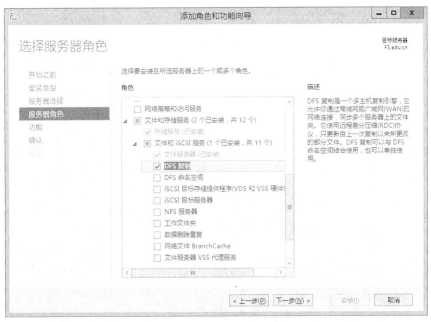

图 15-6 【选择服务器角色】

（5）在域控制器（DC1）的【服务器管理器】下单击【工具】的【DFS Management】，单击【新建命名空间】，在弹出的对话框中选择【dc1】为【服务器】，配置【命名空间名称】为【公共数据】，并选择【基于域的命名空间】，复查设置并创建命名空间，如图 15-7 所示。

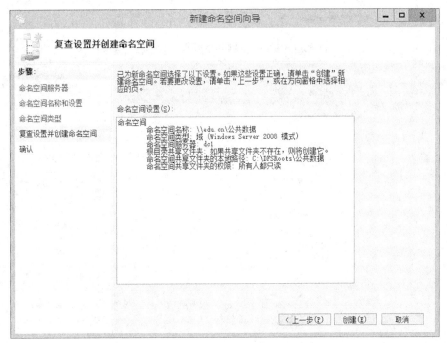

图 15-7 【新建命名空间】

（6）在该根目录下新建文件夹，【名称】为"share"，【文件夹目标】为【\\FS\share】和【\\FTPSERVER\share】，如图 15-8 所示。

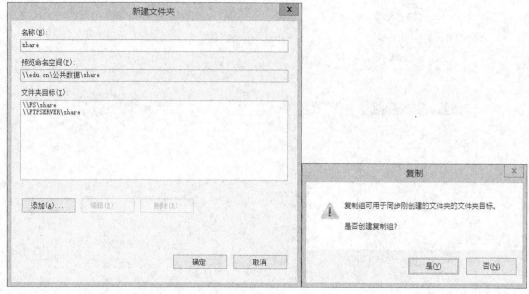

图 15-8　【新建文件夹】

（7）在弹出的【复制】对话框中选择【是】，在弹出的【复制文件夹向导】中根据需要进行设置，这里全部使用默认设置，如图 15-9 所示。

（8）查看刚刚配置的 DFS【复制】，如图 15-10 所示。

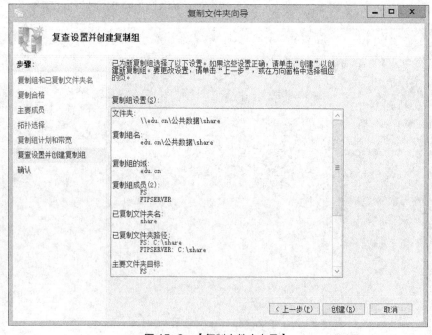

图 15-9　【复制文件夹向导】

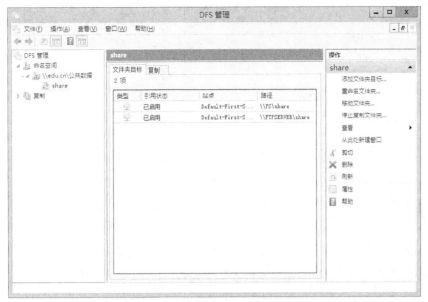

图 15-10　查看 DFS

项目验证

（1）等待一段时间，两个文件协商复制之后，此时访问 DFS 共享并上传一个新的文件，如图 15-11 所示。

图 15-11　查看网络驱动器

（2）此时两个成员服务器的共享文件夹里都同时有"test"文件的复制，如图 15-12 所示。

图 15-12　查看 DFS 复制文件

图 15-12　查看 DFS 复制文件（续）

习题与上机

一、简答题

（1）请解释独立根目录和域根目录的区别是什么。

（2）在没有域环境下能否配置为域根目录？

（3）域根目录相对于独立根目录是否提高了网络连通性？

（4）独立根目录能否进行 DFS 复制？

二、项目实训题

（1）项目背景

以学生姓名简写（拼音的首字母）.cn 为域名建立自己的公司域，采用的 IP 地址段统一为 10.x.y/24（x 为班级编号，y 为学号）。

（2）项目要求

配置 DFS 为域根目录模式，配置 DFS 复制，在成员客户机上访问共享目录，并添加或删除数据内容，观察两个共享目录的同步情况（数据同步），以及用户访问的服务器位置（负载均衡）。写出现象和结论；分别对两个文件服务器的共享目录的内容进行修改、添加文件、删除文件 3 个操作，写出操作的现象，并截取实验结果。

项目拓扑如图 15-13 所示。

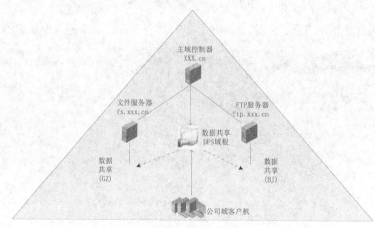

图 15-13　项目拓扑

第 6 部分
OU 与组策略的规划应用

roduct_master 经常需要向 AD 管理理权限下

相关知识

1. 了解组织单位的功能

通过前序项目的实践可以知道：OU 一般来说与公司的行政管理部门相对应，是一个活动目录对象的容器。在 OU 中可以有用户账号、组账号、计算机、打印机、共享文件夹、子 OU 等对象，OU 是活动目录中最小的管理单元。

如果一个公司拥有上千人规模，那么公司的管理往往会设立领导层、各管理层，利用分层管理把管理的权限下放，每个管理人员需要管理的事情相对较少，而最终整个企业的管理水平却提高了。作为域的管理员，当域中的对象非常多时，也需要进行管理权限的下放，如果所有权限都集中到域管理员，假如每天有 20 个用户因为忘记密码而无法登录域，并通知管理员需要更改密码，管理员的管理任务和日常工作就会十分繁杂。这时，如果适当地把一些管理权限进行下放就可以减轻管理员的工作负担，从而提高管理效率。

2. 组织单位和组账号的区别

OU 和组账号都是活动目录的对象，其相同点都是基于管理的目的而创建。不同的是组账号中能包含的对象类型是有限的，而 OU 中不仅包括用户账号和组账号，还可以包括计算机、打印机、联系人等其他活动目录对象。所以 OU 中可以管理的活动目录资源更多，其作用也更大。

创建组账号的目的主要是给某个 NTFS 分区上的资源赋予权限，而创建 OU 的主要目的是用于委派管理权限，并可以对 OU 设置组策略，对 OU 中的资源进行严格的管理，而组账号是没有这个功能的。

当删除一个组账号时，只是删除了该组账号所包含的用户账号之间的逻辑关系，其所包含的用户账号不会因此而删除。当删除一个 OU 时，其中所包含的一切活动目录对象都将被删除。

3. 组织单位和其他活动目录容器的区别

在安装活动目录后打开【Active Directory 用户和计算机】管理器，可以看到活动目录有很多容器，如【Builtin】、【Computer】和【Users】等。每个容器内都有一些活动目录对象，如图 16-1 所示。

图 16-1　【Active Directory 用户和计算机】

图 16-1 中只列出了活动目录中最基本的容器对象，在【Active Directory 用户和计算机】控制台下依次选择【查看】→【高级功能】命令，可以查看全部活动目录中的容器对象，如图 16-2 所示。

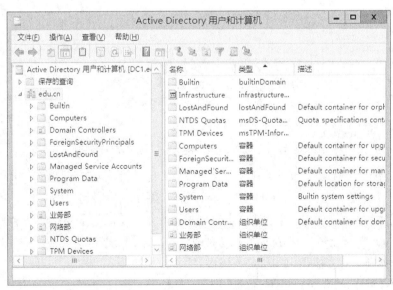

图 16-2　高级功能视图下的 AD 容器

OU 和其他的活动目录容器不同，其他容器只能包含活动目录对象，不能对其进行组策略配置。另外，除了创建活动目录时自动创建的普通容器外，管理员不能新建普通容器对象，但可以根据管理需要新建 OU 对象。

> **注意**：普通容器和 OU 的图标不同，普通容器的图标像一个文件夹，而 OU 的图标则在里面有一本书。

4．在活动目录中对 OU 执行常规管理任务

OU 的管理包括设置 OU 的常规信息、管理者、对象、安全性及组策略等。

（1）设置 OU 的常规信息

当活动目录中的 OU 对象非常多时，尤其是 OU 的嵌套层数比较多时，设置 OU 的属性信息有助于在活动目录中查找对象。设置 OU 的常规信息可以打开如图 16-3 所示的 OU 常规选项卡。

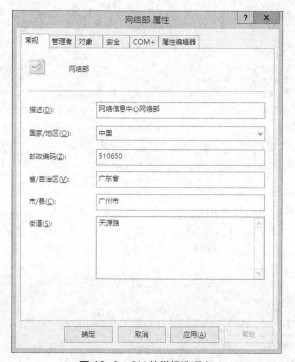

图 16-3　OU 的常规选项卡

（2）设置 OU 的安全性

OU 的【安全】选项卡由两部分组成，上面选型区域中显示组和用户名称，下面选型区域显示相应的权限。就像给 NTFS 分区上的文件或文件夹设置 NTFS 权限一样，在此可以设置哪些用户账号或组账号对这个 OU 有什么权限，如图 16-4 所示。

活动目录中 OU 的【安全】选项卡允许通过【添加】、【删除】等安全设置用户或组队该 OU 的权限。OU 的权限分为标准权限和特别权限，其中标准权限有 7 种。

① 安全控制：对 OU 可以执行任何操作。

② 读取：可以读取 OU 的相关信息。

③ 写入：可以对 OU 的相关信息进行修改。

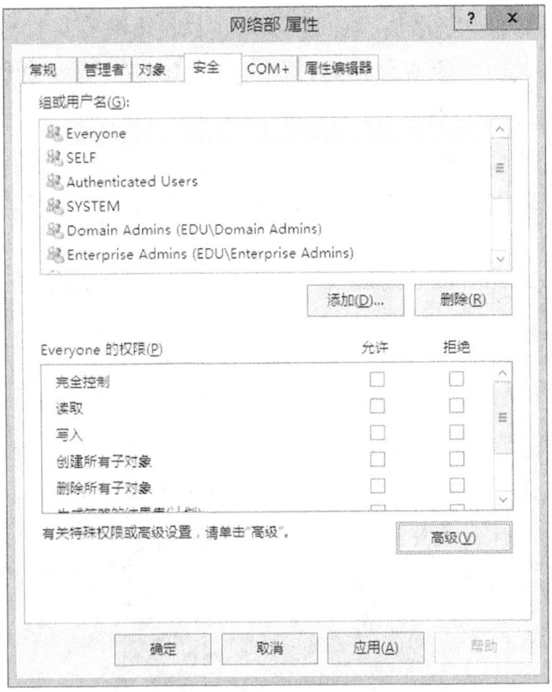

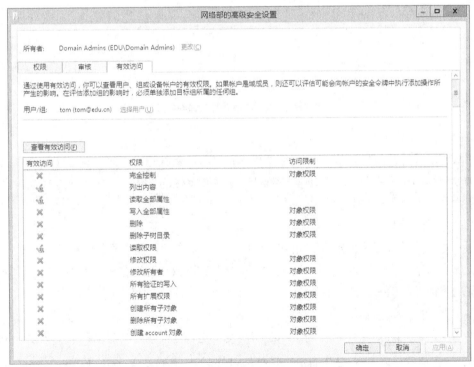

图 16-4　OU 的【安全】选项卡

图 16-5　OU 安全选项卡的高级安全设置

④ 创建所有子对象：可以在 OU 中创建所有子对象。

⑤ 删除所有子对象：可以在 OU 中删除所有子对象。

⑥ 生成策略的结果集（计划）：对 OU 执行生成组策略结果集操作（正在计划）。

⑦ 生成策略的结果集（记录）：对 OU 执行生成组策略结果集操作（正在记录日志）。

单击【高级】按钮可以查看高级权限设置，如图 16-5 所示，高级安全设置中有 3 个选项卡：【权限】、【审核】和【有效访问】。

① 【权限】

在此可以详细查看哪些用户对这个 OU 具有什么权限，在【权限项目】中选择一条权限，再单击【编辑】按钮，就可以查看所有的特殊权限的设置，如图 16-6 所示。

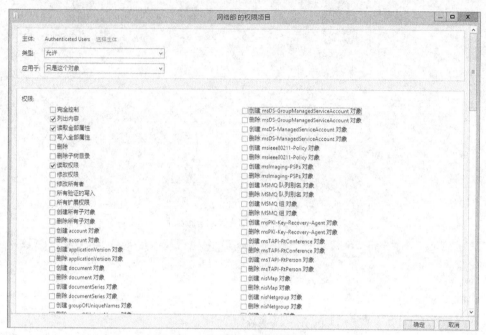

图 16-6　查看用户的所有详细权限

② 【审核】

审核指的是哪些用户对该 OU 的哪些操作记录将被审核记录下来，单击【添加】按钮可以添加要审核的用户，单击【编辑】按钮可以编辑要审核的操作。审核记录存放在【事件查看器】中的【安全】日志中。

③ 【有效访问】

用户对 OU 的权限是累加的，如果一个用户属于多个组，而这些组都被赋予了对 OU 的权限，那么这个用户对 OU 的权限应该是这些权限的累加。但是有一个例外，拒绝权限是不被累加的，而且其优先级最高。

（3）OU 的移动与删除

当活动目录中的 OU 所对应的实际的部门发生变动时，就要在活动目录中移动、删除相关 OU，这里需要注意的是，OU 的删除会导致 OU 及其子对象的删除，因此，如果不想删除 OU 内的对象，应该先将这些子对象迁移到其他 OU 中去。

（4）OU 的委派控制

当活动目录中需要将 OU 的管理权限下放时，可以通过 OU 的委派控制，将 OU 的相关操作委托给指定用户，这样这个用户就具备了该 OU 的指定权限。

项目分析

（1）可以通过委派控制，将生产部的 OU 的用户管理权限委派给 product_master。

（2）生产部主管对生产部 OU 的用户操作全部写入日志，并按周报表方式向 AD 管理员和企业主管备案。

项目操作

（1）在域控制器（DC1）创建【生产部】OU，并创建"product_master"、"product_user1"和"product_user2"用户，如图 16-7 所示。

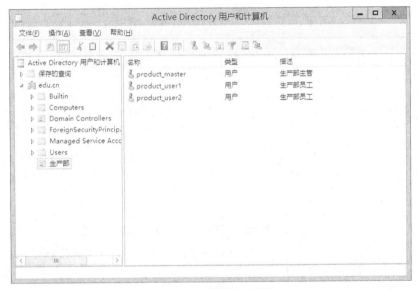

图 16-7　查看生产部员工

（2）右键单击【生产部】OU，在弹出的快捷菜单中选择【委派控制】并添加委派用户"product_master"，委派其具有【创建、删除和管理用户账户】的权限，如图 16-8 所示。

图 16-8　新建委派

（3）在【win8-01】计算机上使用计算机管理员安装【Windows 8.1 的远程服务器管理工具】（下载地址：http://www.microsoft.com/zh-cn/download/details.aspx?id=39296）。

（4）使用"product_master"用户在【win8-01】计算机登录，并在【服务器管理器】下单击【工具】的【Active Directory 用户和计算机】，如图 16-9 所示。

（5）"product_master"用户可以在【生产部】OU 里创建用户或删除用户，删除【product_user2】用户，创建【product_user3】用户，如图 16-10 所示。

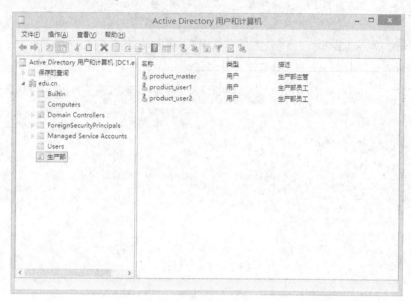

图 16-9　查看生产部用户

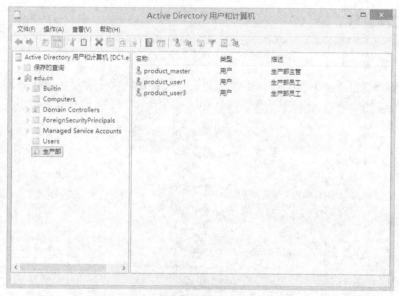

图 16-10　在【win8-01】中管理 AD

项目验证

查看委派权限，在【Active Directory 用户和计算机】→【查看】选择【高级功能】，右键单击【生产部】，在弹出的快捷菜单中选择【属性】→【安全】→【高级】，找到【product_master】用户并双击，可以查看到该用户对该 OU 的权限，如图 16-11 所示。

生产部 的权限项目		
主体:	product_master (product_master@edu.cn) 选择主体	
类型:	允许	
应用于:	这个对象及全部后代	

☐ 创建 msCOM-Partition 对象　　　　　☐ 删除 联系人 对象
☐ 删除 msCOM-Partition 对象　　　　　☑ 创建 用户 对象
☐ 创建 msCOM-PartitionSet 对象　　　　☑ 删除 用户 对象
☐ 删除 msCOM-PartitionSet 对象　　　　☐ 创建 组 对象

图 16-11　查看生产部的委派

习题与上机

一、简答题

（1）当 OU 下有用户时能否直接将 OU 删除？

（2）请解释组织单元和组的区别是什么。

（3）OU 下能否再创建 OU？

（4）一个用户能否属于多个 OU？

二、项目实训题

（1）项目背景

以学生姓名简写（拼音的首字母）.cn 为域名建立自己的公司域，采用的 IP 地址段统一为 10.x.y/24（x 为班级编号，y 为学号）。

（2）项目要求

新建 OU，并委派 jack 用户对该 OU 拥有添加、删除、修改权限，测试 jack 是否允许对生产部 OU 进行员工的添加、修改、删除等操作，并截取实验结果。

项目拓扑如图 16-12 所示。

图 16-12　项目拓扑

PART 17

项目 17
在 AD 中实现资源发布

项目描述

EDU 公司的市场部在成员服务器【ftpserver】上新安装了一台打印机，为方便部门员工打印文件，公司决定将该打印机共享，并让部门员工可以通过 AD 搜索工具搜索到该打印机。另外，成员服务器【ftpserver】还共享了一个目录【市场部文档】供市场部员工上传和下载部门的常用文档，公司也希望让员工在 AD 中能直接搜索到该共享目录。

相关知识

活动目录中有很多对象，如用户、组、打印机、共享文件夹等。如果活动目录中的用户要访问这些活动目录中的资源，就必须让用户在活动目录中看到这些对象。有些活动目录对象如用户、组和计算机账号默认就在活动目录中，用户可以直接利用活动目录工具来访问这些对象。而有些活动目录对象，如打印机和共享文件夹，默认是不在活动目录中的，如果想让用户能够在活动目录中访问这些默认没有在活动目录中的资源，就必须把它们加入到活动目录中。我们把默认没有在活动目录中的对象加入到活动目录中的过程称为"发布"。

一旦资源被发布到活动目录中，活动目录用户就可以利用活动目录搜索工具来查找并访问该资源，而无需知道该资源具体的物理位置。

活动目录允许让计算机作为容器，并在计算机上添加打印机、共享目录等对象，通过将打印机、共享目录发布到活动目录上，用户可以方便地通过 AD 工具快速查找到打印机、共享目录。

项目分析

将打印机、文件共享添加到对应计算机上（发布到 AD 中），员工通过 AD 查找工具就可以快速查找到这些资源。

项目操作

1. 打印机的发布

（1）在【ftpserver】成员服务器上安装打印机。

（2）配置该打印机为共享，并勾选【列入目录】复选框，该打印机将自动添加 AD 中，如图 17-1 所示。

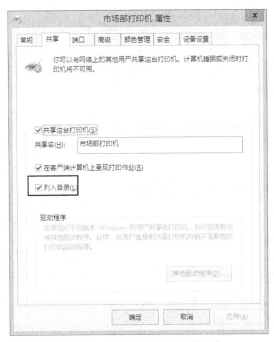

图 17-1　查看市场部打印机的共享

（3）在域控制器上的【Active Directory 用户和计算】→【查看】，勾选【用户、联系人、组和计算机作为容器】可以查看到【FTPSERVER】发布的打印机，如图 17-2 所示。

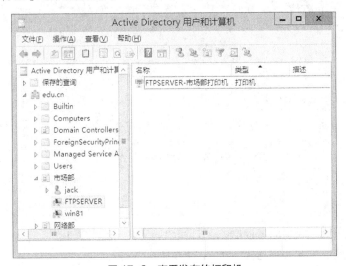

图 17-2　查看发布的打印机

2．共享目录的发布

（1）在【成员服务器】上共享一个名为【市场部文档】的目录。

（2）在域控制器上的【Active Directory 用户和计算】管理器上添加共享目录，如图 17-3 所示。

图 17-3　添加共享目录

项目验证

（1）在客户机访问成员服务器的共享打印机，如图 17-4 所示。

（2）在客户机上查看共享目录，如图 17-5 所示。

（3）在 AD 查找工具上查找打印机，结果如图 17-6 所示。

图 17-4　客户机访问打印机

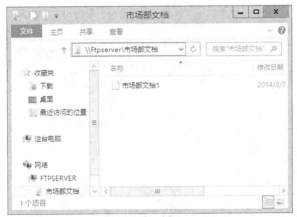

图 17-5　查看共享

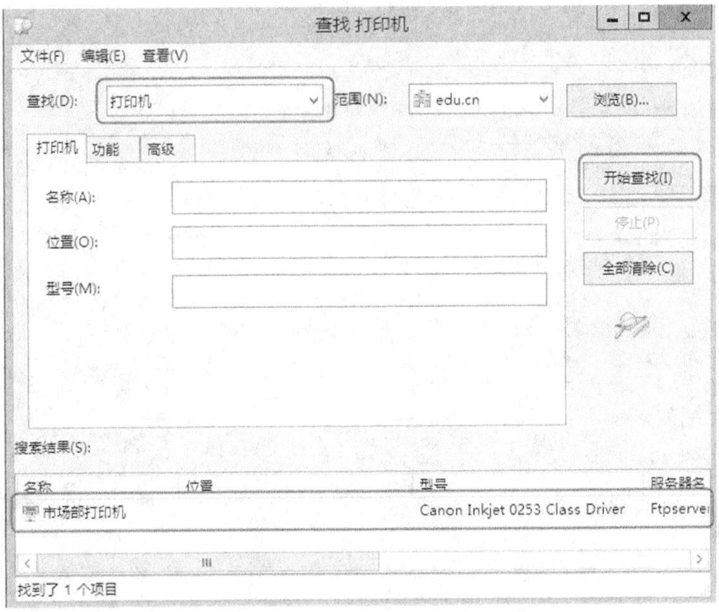

图 17-6　查找打印机

（4）在 AD 查找工具上查找共享目录，结果如图 17-7 所示。

图 17-7　查找共享文件夹

习题与上机

一、简答题

（1）简述在 AD 中发布资源的主要作用。

（2）在 AD 中除了能发布打印机和共享文件夹外，还能发布什么？

（3）能否将非域环境里的资料发布到 AD 中？

（4）AD 中发布的资源在非域环境下能否访问？

二、项目实训题

（1）项目背景

以学生姓名简写（拼音的首字母）.cn 为域名建立自己的公司域，采用的 IP 地址段统一为 10.x.y/24（x 为班级编号，y 为学号）。

（2）项目要求

在 AD 中发布打印机和共享目录，在客户机访问成员服务器的共享打印机。在域控制器上查看共享目录，并截取实验结果。

项目拓扑如图 17-8 所示。

图 17-8　项目拓扑

PART 18

项目 18
通过组策略限制计算机无法使用系统的部分功能

项目描述

EDU 公司基于 AD 管理用户和计算机，公司基于文件安全的考虑希望限制员工使用可移动设备，避免员工通过可移动设备拷贝公司计算机数据。

相关知识

1. 组策略介绍

EDU 公司基于 AD 管理用户和计算机，公司域管理员需要管理 1000 多个用户和 500 多台计算机。域管理员在日常管理和维护中常常需要做大量的工作，例如：

（1）对所有的公司客户机部署安装一个公司内部生产系统的软件。

（2）对所有的计算机都强制安装最新的微软补丁。

（3）禁止生产部用户使用 QQ 软件。

（4）允许财务部计算机安装管家婆财务管理软件。

在域的日常管理与维护中，类似的工作还有很多。对于软件安装，如果域管理员需要对每一台计算机进行单独安装与部署，每台软件安装需要花 10 分钟，那 500 台计算机需要花费约 85 个小时；对于限制特定用户使用 QQ 软件，则需要做更多的工作，如卸载其固定计算机的 QQ 软件，监控这些用户在使用其他计算机时的应用环境等。

其实，很多应用都是重复性的，具有可复制性，如果能选择对象（用户和计算机）进行批量的自动化操作，则域管理员将大大提高工作效率。活动目录提供了一种允许重复对活动目录容器内的用户和计算机进行重复性配置的工作的方法，这个方法就是组策略。

组策略是一种一旦定义了用户的工作环境，就可以依赖 Windows Server 2012 来连续推行定义好的组策略设置的技术手段。还可以将组策略与活动目录容器（站点、域和 OU）连接起来，如图 18-1 所示，组策略会对这些容器中的所有用户和计算机进行工作环境的统一部署设置。

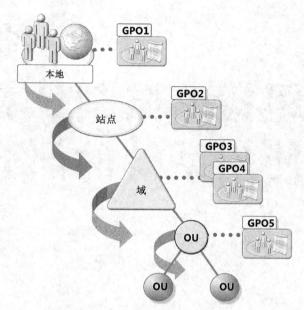

图 18-1　活动目录容器和组策略

通过组策略，可以实现以下功能：

（1）通过在站点或域级别为整个组织设置组策略来集中管理，或在组织单元的级别为每个部门部署组策略的分散组策略设置。

（2）确保用户有适合完成他们工作的环境。可以确保用户通过组策略设置控制注册表的应用和系统设置，修改计算机和用户环境的脚本、自动软件安装以及本地计算机、域和网络的安全设置，还可以控制用户数据文件的存储位置。

（3）降低控制用户和计算机环境的总费用，从而可以减少用户需要的技术支持级别和由于用户错误而引起的生产损失。例如，通过组策略可以阻止用户对系统设置做出让计算机无法正常工作的修改，同时还可以阻止用户安装他们不需要的软件。

（4）推行公司策略，包括商业准则、目标和保密需求。例如，可以确保所有用户的保密需求和公司保密需求一致，或所有用户有一套特定安装需求。

2．组策略结构

组策略的结构在管理用户和计算机上提供了灵活性。包含在组策略对象（GPO）中的具体设置允许控制特定用户和计算机配置。

设置组策略，必须配置组策略设置，Windows Server 2012 将这些设置组织成不同的形式使之变得简单，如图 18-2 所示。

可以通过设定组策略设置来定义能够对用户和计算机产生影响的策略。可以配置的设置类型有以下几种。

（1）软件设置/软件安装：包括软件安装、升级、卸载的集中化管理的设置。可以让应用程序自动在客户机上安装、自动升级或自动卸载，也可以发布应用程序使之出现在控制面板的【添加/删除程序】中，这就给用户提供了获得可安装应用程序的集中场所。

（2）管理模板：基于注册表的测量设置、桌面环境的设置等这些设置包括用户可以获得访问的操作系统的组件和应用程序、控制面板选型的访问权限以及用户脱机文件的控制等。例如，客户机如果需要推送特定的操作，但是组策略并未提供相关选项，那么可以先将一台客户机需要修改的注册表项导出，然后在组策略中推送下去。

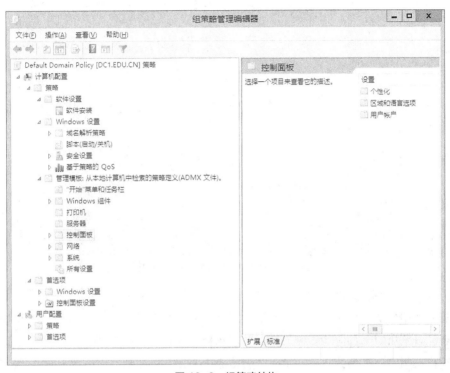

图 18-2　组策略结构

（3）安全性：配置本地计算机、域及网络安全性的设置。这些设置包括控制用户访问的网络、建立统计和审计制度以及控制用户的权限。例如，可以设定用户在锁定之前能尝试的失败登录的最多次数。

（4）脚本：设置 Windows 开机、关机或用户登录、注销时运行的脚本，可以指定脚本允许批处理、控制多个脚本、决定脚本允许的顺序。

（5）IE 界面：管理和定制基于 Windows 计算机的 Internet 浏览器设置。

（6）文件夹重定向：在网络服务器上存储用户配置文件的文件夹设置。这些设置在配置文件中创建一个和网络共享文件夹的链接，但文件在本地显示，用户可以在域中任何一台计算机上对该文件夹进行访问。例如，可以将用户的【我的文档】文件夹重定向到网络共享文件夹。

（7）首选项：使用组策略首选项可以在无需学习脚本语言的情况下，管理驱动器映射、注册表设置、本地用户和组、服务、文件、文件夹的设置等。可以使用首选项来减少脚本编辑，实现标准化管理。首选项可以有效实现域客户机的桌面管理。

> **注意**：首选项策略只应用一次或按固定的刷新间隔应用。当组策略不再应用时（如删除），首选项策略产生的配置不会被移除。

3．计算机和用户的组策略

如图 18-3 所示，可以使用组策略中的计算机配置和用户配置来推行网络中计算机和用户的组策略设置。

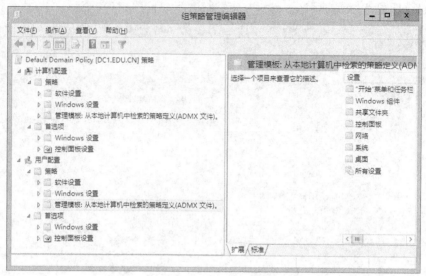

图 18-3　组策略中的计算机配置和用户配置

（1）计算机的组策略设置

计算机的组策略设置可以指定操作系统行为、桌面行为、安全性设置、计算机的启动和关机命令、计算机赋予的应用程序选型以及应用程序设置。

计算机的组策略在系统重新启动时才会被应用（计算机注销动作无效），并每隔 90～120分钟应用一次。

如果计算机组策略和用户组策略存在冲突时，计算机组策略将拥有更高的优先权。

（2）用户的组策略设置

用户的组策略设置可以指定特定的操作系统行为、桌面行为、安全性设置、分配和发布的应用程序选项、文件夹的重定向选项、用户的登录和注销命令等。用户组策略在用户注销后重新登录到域时才会被应用，并每隔 90～120 分钟应用一次。

4．组策略对象和活动目录容器

组策略对象（Group Policy Object，GPO）是组策略的载体，在活动目录中可以把组策略对象应用于活动目录对象（站点、域和 OU）以实现组策略管理的目的。每一个组策略对象拥有一个全局唯一标识（GUID），在如图 18-3 所示的组策略编辑器中，单击【操作】菜单的【属性】命令，可以查看该组策略的属性，其中包括组策略的 GUID，如图 18-4 所示。

组策略对象可以分为两个部分：组策略容器（Group Policy Contrainer，GPC）和组策略模板（Group Policy Template，GPT），组策略对象的内容存储在 GPC 和 GPT 中，如图 18-5所示。

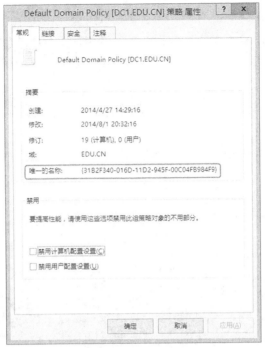

图 18-4　查看组策略对象的属性

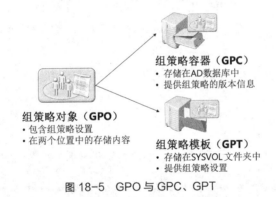

图 18-5　GPO 与 GPC、GPT

（1）组策略容器

组策略容器（GPC）是包含 GPO 状态和版本信息的活动目录对象，存储在活动目录中，计算机用 GPC 来定位组策略模板，而且域控制器可以访问 GPC 来获得 GPO 的版本信息，如果一台域控制器没有最新的 GPO 版本信息，那么就会触发 DC 获得最新 GPO 版本信息的活动目录复制。

在【Active Directory 用户和计算机】管理工具中选择【查看】→【高级功能】命令，然后依次打开【域】→【System】→【Policies】，可以查看 GPC 的信息，如图 18-6 所示。GPC 的版本信息可以在对应策略的属性对话框中查看。

（2）组策略模板

组策略模板（GPT）存储在域控制器上的 SYSVOL 共享文件夹中，用来提供所有的组策略设置和信息，包括管理模板、安全性、脚本等。当创建一个 GPO 时，Windows Server 2012 会创建相应的 GPT，客户端能够接收组策略的配置就是因为他们都能访问 DC 的 SYSVOL 共享文件夹，获得并应用这些设置。

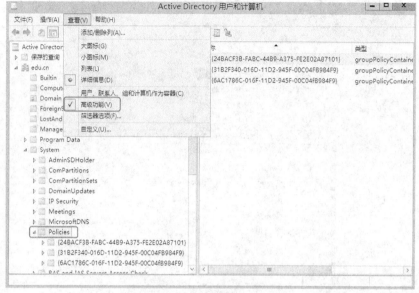

图 18-6　查看组策略对象 GPC

GPT 保存在 DC 的 "%systemroot%\SYSVOL\sysvol" 文件夹下，如图 18-7 所示。

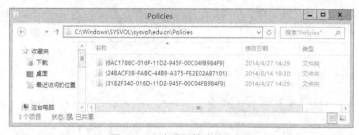

图 18-7　查看组策略的 GPT

GPC 和 GPT 的组策略都是以它们对应的 GUID 来命名的。

（3）GPO 与活动目录容器

GPO 和站点、域及组织单元相连接或关联。如图 18-8 所示，在将 GPO 和站点、域和 OU 链接以后，GPO 的设置将应用在这些容器内的用户和计算机上。

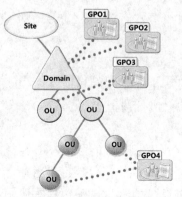

图 18-8　GPO 与 AD 容器

GPO 与活动目录容器的链接使得 GPO 的设置将对这些容器内的用户和计算机产生影响；管理员可以将 GPO 和多个 AD 容器链接，也可以将多个 GPO 和单个 AD 容器链接。在实现组策略设置时，链接已存在的 GPO 的方法提供了很大的灵活性，可以使用下面的方式来链接 GPO。

① 在网络中将 GPO 和多个站点、域或 OU 链接。这可以为不同站点、域和 OU 的计算机和用户配置一套相同的组策略设置。

② 将多个 GPO 和单个站点、域或 OU 链接。如果不希望所有类型的组策略设置都应用在单个 AD 容器上，可以为不同类型的组策略单独创建 GPO，然后将它们和对应的 AD 容器链接。例如，可以链接一个包含网络安全性设置的 GPO，以及另一个包含软件安装的 GPO 到同一个 OU 中。

5．组策略的继承性和应用顺序

默认情况下，组策略根据具有继承性，即链接到域的组策略会应用到域内的所有 OU，如果 OU 下还有 OU，则连接到上级 OU 的组策略默认也会应用到下级 OU 中。

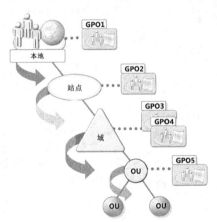

图 18-9　组策略应用的顺序

组策略通常会根据活动目录对象的隶属关系按顺序应用对应的组策略，组策略应用顺序如图 18-9 所示。

（1）应用计算机的本地策略，该策略指域客户机本身设置的策略。

（2）应用站点对应的组策略。

（3）应用域对应的组策略。

（4）应用 OU 对应的组策略，如果 OU 存在潜逃，则按父子顺序执行。

在组策略应用中，计算机策略总是先于用户策略，默认情况下，如果图 18-9 所示的组策略间存在设置冲突，则按"就近原则"，后应用的组策略设置将生效。

项目分析

在本任务公司仅禁止员工在客户机上使用移动存储设备，可以考虑在域级别修改【Default Domain Policy】组策略，在计算机策略中禁止使用可移动存储设备。这样员工即使插入可移动设备也无法被域客户机识别。

项目操作

（1）在【服务器管理器】主窗口下，单击【组策略管理】，在弹出的【组策略管理】界面中选择【Default Domain Policy】，右键单击，在弹出的快捷菜单中选择【编辑】进行域默认组策略修改，如图 18-10 所示。

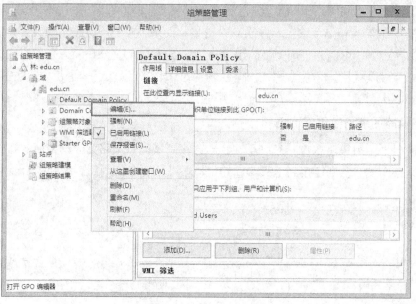

图 18-10　编辑默认组策略

（2）在弹出的【组策略管理编辑器】中依次展开【计算机配置】→【策略】→【管理模板】→【系统】→【可移动存储访问】找到【所有可移动存储类：拒绝所有权限】，将此策略启用，如图 18-11 所示。

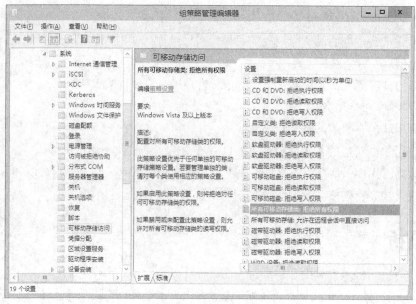

图 18-11　组策略管理

（3）活动目录的组策略一般定期更新，如果想让刚刚设置的策略马上生效，可以用"gpupdate /force"命令执行立刻更新组策略，打开命令行界面，输入该命令，执行刷新组策略操作，如图 18-12 所示。然后重启域客户机进行验证。

图 18-12　刷新组策略

项目验证

为了使组策略生效，刷新完策略之后要将客户机重新启动，计算机策略是计算机开机时才会被应用的，重启系统完再插入可移动设置，系统会提示计算机插入了可移动设备，但是用户无法访问它，如图 18-13 所示。

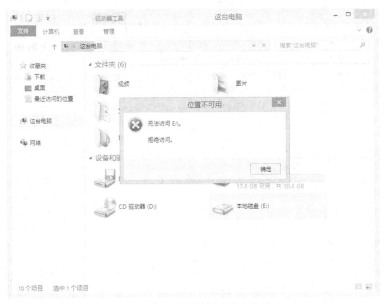

图 18-13　无法访问可移动存储

习题与上机

一、简答题

（1）请解释计算机策略所应用的范围。

（2）组策略没有进行刷新组策略的情况下多久生效？

（3）对业务部 OU 用户进行限制使用计算机策略能否生效？

（4）请解释计算机策略具体的作用是什么。

二、项目实训题

（1）项目背景

以学生姓名简写（拼音的首字母）.cn 为域名建立自己的公司域，采用的 IP 地址段统一为 10.x.y/24（x 为班级编号，y 为学号）。

（2）项目要求

通过组策略限制计算机无法使用 USB 存储设备，并截取实验结果。

项目拓扑如图 18-14 所示。

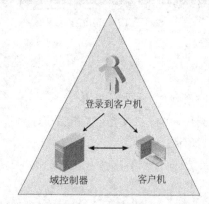

图 18-14　项目拓扑

PART 19

项目 19
通过组策略限制用户无法使用系统的部分功能

项目描述

EDU 公司基于 AD 管理用户和计算机，公司发现业务部员工通过网络学习了多种技术，并通过【命令提示符】扫描和攻击公司内部应用，因此公司希望限制业务部员工使用客户机的【命令提示符】。

相关知识

组策略相关知识，参考项目 18。

项目分析

在本任务公司仅禁止业务部员工在客户机上使用【命令提示符】，可以考虑在业务部 OU 中创建一个新的组策略，并在用户策略中禁止使用【命令提示符】，这样该策略仅会限制业务部员工使用【命令提示符】，其他员工账户并不会受此限制。

项目操作

（1）在【服务器管理器】主窗口下，单击【组策略管理】，在弹出的【组策略管理】界面中找到【业务部】，右键单击，在弹出的快捷菜单中选择【在这个域中创建 GPO 并在此处链接(C)...】，在弹出的【新建 GPO】输入【禁业务部员工访问命令提示符策略】，如图 19-1 所示。

（2）右键单击【业务部】下的【禁业务部员工访问命令提示符策略】，在弹出的快捷菜单中选择【编辑】，如图 19-2 所示。

（3）在弹出的【组策略管理编辑器】中依次展开【用户配置】→【策略】→【管理模板】→【系统】，找到【阻止访问命令提示符】将此策略启用，如图 19-3 所示。

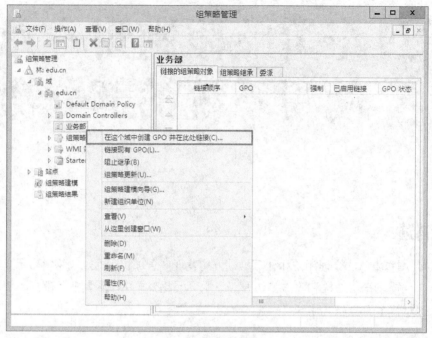

图 19-1　创建组策略

图 19-2　编辑组策略

（4）活动目录的组策略一般定期更新，如果想让刚刚设置的策略马上生效，可以用"gpupdate /force"命令执行立刻更新组策略，打开命令行界面，输入该命令，执行刷新组策略操作，如图 19-4 所示。

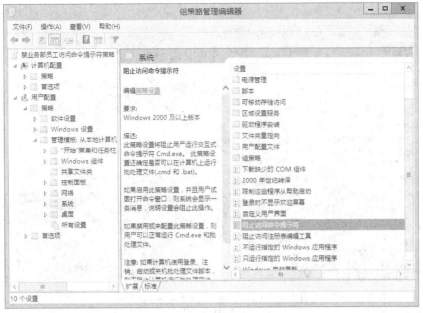

图 19-3　编辑策略

图 19-4　刷新组策略

项目验证

使用业务部用户"operation_user1"登录客户机，并打开【命令提示符】，提示"命令提示符已被系统管理员停用"，如图 19-5 所示。

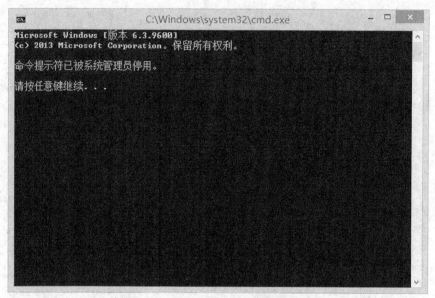

图 19-5　命令提示符被禁用

习题与上机

一、简答题

（1）请简述用户策略的主要作用是什么。

（2）请解释计算机策略和用户策略的区别。

（3）当计算机策略和用户策略冲突时，哪个策略会优先。

二、项目实训题

（1）项目背景

以学生姓名简写（拼音的首字母）.cn 为域名建立自己的公司域，采用的 IP 地址段统一为 10.x.y/24（x 为班级编号，y 为学号）。

（2）项目要求

通过组策略限制用户无法使用【命令提示符】，并截取实验结果。

项目拓扑如图 19-6 所示。

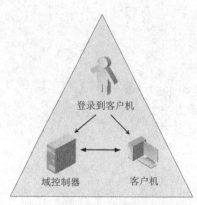

图 19-6　项目拓扑

项目 20
通过组策略实现软件部署

项目描述

EDU 公司基于 Windows Server 2012 活动目录管理公司员工和计算机，公司计算机常常需要统一部署软件，主要情况有以下 3 种：

（1）公司所有域客户机都必须强制安装的软件。

（2）公司特定部门的用户都必须强制安装的软件。

（3）公司用户或特定用户可以自行选择安装的软件。

在进行软件部署前，公司希望利用现有的一些软件进行软件部署前的测试。

相关知识

一、软件部署概述

使用组策略部署软件的安装，通常可以分为 4 个阶段：预备、部署、维护及删除。组策略软件安装使用 Microsoft Windows 安装技术管理安装的过程。

1. 预备阶段

① 将待安装的软件转换成合格的 Windows 安装程序包文件。注意：并不是所有的软件都能转换为 msi。

② 确保被部署的软件能在测试客户机上正确安装。

③ 创建一个分发点（共享文件夹），将要部署的软件放置在分发点中。

④ 确保在测试客户机能通过网络正确安装该软件。

软件分发点是指在一台域文件服务器上的一个共享目录，提供域用户和计算机读取软件安装所需的程序包和应用程序。

该共享目录应设置相应权限，确保域用户和计算机能访问和读取部署的软件。为防止用户浏览软件分发点上的共享文件夹的内容，可以使用隐藏共享。

2．部署阶段

① 创建组策略部署软件，并应用在测试客户机上测试软件部署效果是否成功。

② 将该组策略应用在企业部分的计算机上，查看软件部署效果是否成功。

③ 按要求对所有要求部署的计算机和用户上部署该软件。

④ 检查软件部署情况，对未成功安装的计算机进行手动安装。

（3）维护阶段

新版本的软件升级或是补丁更新。

（4）删除阶段

将部署的软件从客户机卸载。

3．分配软件

分配软件可以应用于用户和计算机。

（1）当给用户分配软件时，软件将在用户的桌面上通告，尽管当用户登录时应用程序被通告，但在用户双击应用程序图标或与应用程序关联的文件类型（这称作文档激活方法）前，安装仍不会开始。如果用户不用其中一种方法来激活应用程序，软件将不会安装，这样做是为了节省磁盘空间。

（2）当给计算机分配软件时，不会出现通告，在计算机启动时，软件就会自动安装，软件安装完成后才会进入系统登录界面。通过分配软件给计算机，可以确保相应的应用程序被安装在所应用的客户机上（域控制器不起作用）。

4．发布软件

发布软件只能应用于用户，发布的软件不会出现通告，用户有两种方式安装该软件。

（1）可以在控制面板的【添加/删除程序】界面中看到该软件，并手动进行安装。

（2）使用文档激活的方法。当一个应用程序在活动目录中发布，它所支持的文档扩展文件名就会在活动目录中注册。如果用户双击一个未知类型的文件，计算机就会向活动目录发出查询以确定有没有与该文件扩展名相关的应用程序。如果活动目录中包含这样一个应用程序，计算机就安装它。

项目分析

本任务主要是在 AD 中验证软件部署，在 AD 中软件部署主要有 3 种方式：

（1）计算机分配软件部署。

（2）用户分配软件部署。

（3）用户发布软件部署。

因此，我们通过 3 个测试软件测试这 3 种方式，它们分别对应：

（1）计算机分配软件部署对应 OC2007.msi。

（2）用户分配软件部署对应 COSMO1.MSI。

（3）用户发布软件部署对应 COSMO2.MSI。

项目操作

1. 计算机分配软件（OC2007.msi）部署

（1）在域控制器（DC1）上创建一个用来存储共享软件的目录【software】，将该目录进行共享，并配置【Everyone】对该目录有读取的权限，将需要发布的软件拷贝到【software】目录中，如图 20-1 所示。

图 20-1　创建共享目录

（2）在【服务器管理器】主窗口下，单击【组策略管理】，在弹出的【组策略管理】界面中选择【Default Domain Policy】，右键单击，在弹出的快捷菜单中选择【编辑】进行域默认组策略修改，如图 20-2 所示。

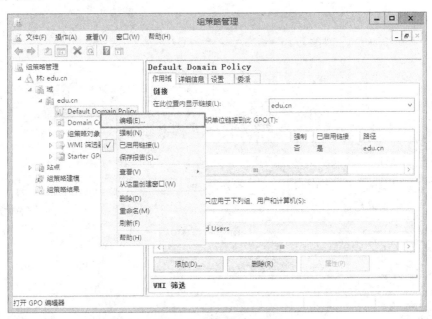

图 20-2　编辑默认组策略

（3）在弹出的【组策略管理编辑器】中依次展开【计算机配置】→【策略】→【软件设置】→【软件安装】，右键单击，在弹出的快捷菜单中选择【新建】→【数据包】，在弹出的对话框中输入共享目录地址，如图 20-3 所示。

图 20-3　选择软件包

（4）找到需要软件部署的软件，并双击，在弹出的对话框中选择【已分配】，如图 20-4 所示。

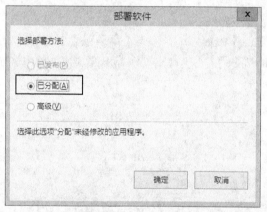

图 20-4　【部署软件】

（5）查看软件部署，如图 20-5 所示。

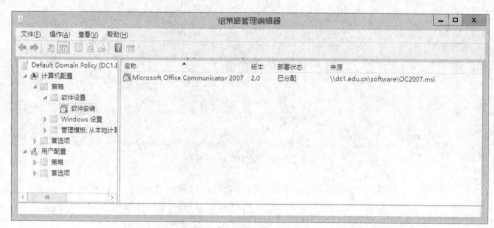

图 20-5　查看软件部署

（6）使用"gpupdate /force"命令执行立刻更新组策略，如图20-6所示。

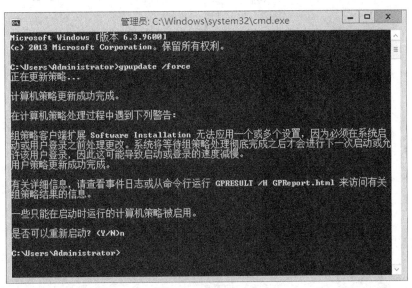

图 20-6　刷新组策略

2．用户分配软件（COSMO1.MSI）部署

（1）在【服务器管理器】主窗口下，单击【组策略管理】，在弹出的【组策略管理】界面中找到【业务部】，右键单击，在弹出的快捷菜单中选择【在这个域中创建 GPO 并在此处链接(C)...】，在弹出的【新建 GPO】输入【业务部用户指派软件】，如图20-7所示。

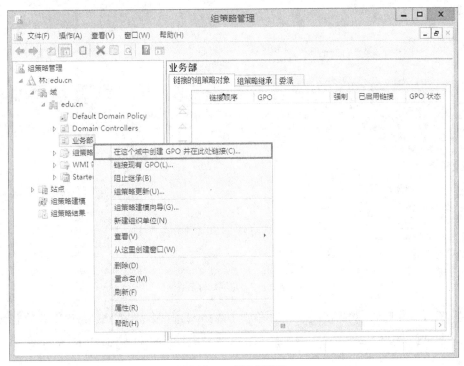

图 20-7　创建组策略

（2）右键单击【业务部】下的【业务部用户指派软件】，在弹出的快捷菜单中选择【编辑】，如图 20-8 所示。

（3）在弹出的【组策略管理编辑器】中依次展开【用户配置】→【策略】→【软件设置】→【软件安装】，右键单击，在弹出的快捷菜单中选择【新建】→【数据包】，在弹出的对话框中输入共享目录地址，找到需要软件部署的软件，并双击，在弹出的对话框中选择【已分配】，结果如图 20-9 所示。

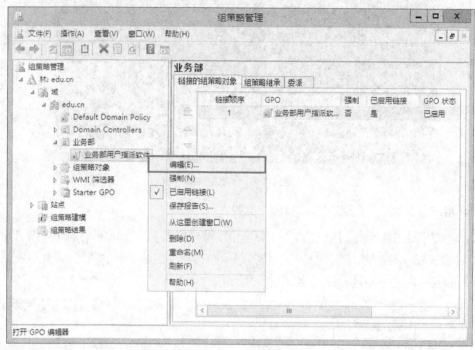

图 20-8 编辑组策略

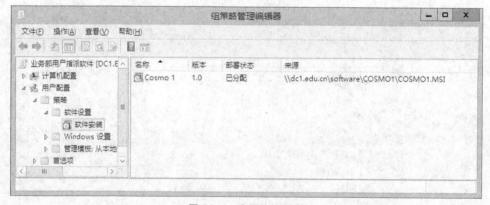

图 20-9 查看软件部署

（4）在【组策略管理编辑器】中右键单击【Cosmo1】，在弹出的快捷菜单中选择【属性】，在弹出的对话框中切换选项卡至【部署】，勾选【在登录时安装此应用程序】，如图 20-10 所示。

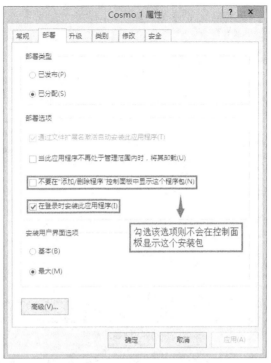

图 20-10 修改【Cosmo1 属性】

（5）使用"gpupdate /force"命令执行立刻更新组策略，如图 20-11 所示。

图 20-11 刷新组策略

3. 用户发布软件（COSMO2. MSI）部署

（1）在【服务器管理器】主窗口下，单击【组策略管理】，在弹出的【组策略管理】界面中找到【业务部】下的【业务部用户指派软件】，右键单击，在弹出的快捷菜单中选择【编辑】，如图 20-12 所示。

（2）在弹出的【组策略管理编辑器】中依次展开【用户配置】→【策略】→【软件设置】→【软件安装】，右键单击，在弹出的快捷菜单中选择【新建】→【数据包】，在弹出的对话框中输入共享目录地址，找到需要软件部署的软件，并双击，在弹出的对话框中选择【已发布】，如图 20-13 所示。

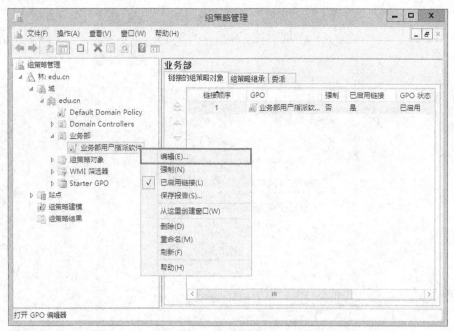

图 20-12 编辑组策略

（3）使用"gpupdate /force"命令执行立刻更新组策略，如图 20-14 所示。

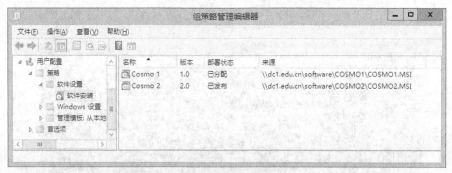

图 20-13 查看软件部署

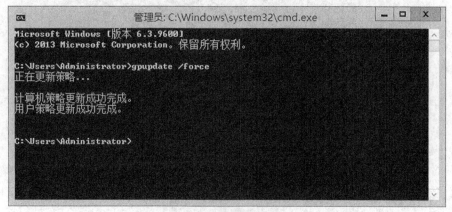

图 20-14 刷新组策略

项目验证

（1）验证计算机分配软件（OC2007.msi）部署：将客户机重新启动，在该客户机弹出用户登陆界面前会提示系统正在安装部署的软件，用户登录后可以看到刚刚部署的软件已经强制安装了，如图 20-15 所示。

图 20-15　计算机软件安装策略应用成功

（2）验证业务部分配软件（COSMO1.MSI）部署：在客户机上使用业务部用户登录，登录时，系统会提示正在安装该软件，登录成功后刚刚部署的业务部分配软件已经强制安装了，如图 20-16 所示。

（3）验证业务部发布软件（COSMO2.MSI）部署：在客户机上使用业务部用户登录，依次打开【控制面板】→【程序和功能】→【从网络安装程序】，可以看到刚刚发布的【COSMO2.MSI】软件，用户如果需要安装可以手动进行安装，如图 20-17 所示。

图 20-16　业务部用户软件安装策略应用成功

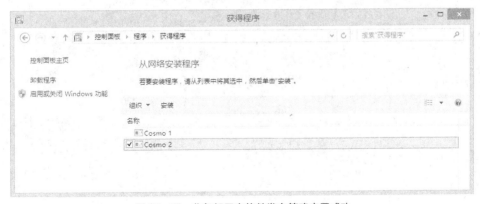

图 20-17　业务部用户软件发布策略应用成功

习题与上机

一、简答题

（1）发布的软件和系统版本不兼容时会如何处理？

（2）应用真正下发软件之前进行测试的主要目的是什么？

（3）针对用户下发的软件，用户切换计算机软件会再次安装吗？

（4）下发软件之前需要考虑哪些因素？

二、项目实训题

（1）项目背景

以学生姓名简写（拼音的首字母）.cn 为域名建立自己的公司域，采用的 IP 地址段统一为 10.x.y/24（x 为班级编号，y 为学号）。

（2）项目要求

通过组策略实现软件部署，并截取实验结果。

项目拓扑如图 20-18 所示。

图 20-18　项目拓扑

PART 21

项目 21
通过组策略管理用户环境

项目描述

EDU 公司基于 Windows Server 2012 活动目录管理公司员工和计算机,公司希望新加到域环境中的计算机和用户有其默认的一套部署方案,而不是逐个部署,这样可以统一管理公司的计算机和用户,又可以极大减少管理员的工作量,公司希望通过简单的部署,使公司的域环境满足当前的业务需求。目前公司迫切需要解决的问题有以下 3 个:

(1)让公司用户使用相同的【开始】菜单。

(2)自动为业务部用户映射网络驱动器。

(3)更改加入域的本地计算机管理员名字,从而提高安全性。

相关知识

在组策略编辑中,计算机配置和用户配置都有两种方式配置组策略:策略和首选项,如图 21-1 所示。

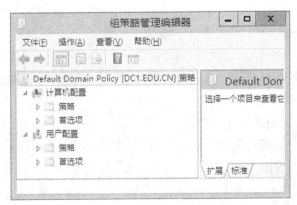

图 21-1 【组策略管理编辑器】

1．策略和首选项的区别

组策略设置和首选项的不同之处就在于强制性。组策略设置是受管理的、强制实施的，当 GPO 被删除后，策略的设置将不再生效。而首选项则是不受管理的、非强制性的，当 GPO 被删除后，其设置仍然生效，需要手动修改。

对于很多系统设置来说，管理员既可以通过策略设置来实现，也可以通过首选项来实现，两者有相当一部分重叠，如果一个特定的任务既可以用策略实现也可以用首选项来实现，那域管理员该如何选择呢？下面我们将结合实例进行具体讲解。

例如，通过策略来指定必须使用的脚本，在这些脚本中，可以完成映射网络驱动器、配置打印机、创建快捷方式、复制文件等任务。但如果使用首选项，可以不需要通过登录脚本，只需要简单的通过界面视图就可以快速完成相同的任务。那么哪种方法好呢？这其实没有标准，它取决于管理员，如果管理员熟悉脚本，就可以用策略，如果不熟悉脚本，那就用首选项。

2．策略和首选项的优先级

当在同一个 GPO 中的策略和首选项发生冲突时，基于注册表的策略优先。对于不基于注册表的策略和首选项来说，则取决于策略与首选项的客户端扩展执行的顺序，判断策略设置是否是基于注册表的方法很简单，因为所有基于注册表的策略设置都定义在"策略、管理模板"中。

3．首选项的设置

（1）设备安装

通过策略，可以用阻止用户安装驱动程序的方法限制用户安装某些特定类型的硬件设备。

通过首选项可以禁用设备和端口，但它不会阻止设备驱动程序的安装，它也不会阻止具有相应权限的用户通过设备管理器启用设备或端口。

如果想完全锁定并阻止某个特定设备的安装和使用，可以将策略和首选项配合起来使用：用首选项来禁用已安装的设备，通过策略设置阻止该设备驱动的安装。

> 策略位置：计算机配置\策略\管理模板\系统\设备安装限制\
> 首选项位置：计算机配置\首选项\控制面板设置\设备\

（2）文件和文件夹

通过策略可以为重要的文件和文件夹创建特定的访问控制列表（ACL）。然而，只有目标文件或文件夹存在的情况下，ACL 才会被应用。

通过首选项，可以管理文件和文件夹。对于文件，可以通过从源计算机复制的方法来创建、更新、替换或删除；对于文件夹，可以指定在创建、更新、替换或删除操作时，是否删除文件夹中现存的文件和子文件夹。

因此，可以用首选项来创建一个文件或文件夹，通过策略对创建的文件或文件夹设置 ACL。需要注意的是，在首选项的设置中应该选择【只应用一次而不再重新应用】，否则，创建、更新、替换或删除的操作会在下一次组策略刷新时被重新应用。

> 策略位置：计算机配置\策略\Windows 设置\安全设置\文件系统\
> 首选项位置：计算机配置\首选项\Windows 设置\文件\
> 计算机配置\首选项\Windows 设置\文件夹\

（3）Internet Explorer

在计算机配置中，策略（Internet Explorer）配置了浏览器的安全增强并帮助锁定 Internet 安全区域设置。

在用户配置中，策略（Internet Explorer）用于指定主页、搜索栏、链接、浏览器界面等。

在用户配置中的首选项（Internet 选项）中，允许设置 Internet 选项中的任何选项。

因为策略是被管理的而首选项是不被管理的，当用户想要强制设定某些 Internet 选项时，应该使用策略设置。尽管也可以使用首选项来配置 Internet Explorer，但是因为首选项是非强制性的，所以用户可以自行更改设置。

策略位置：计算机配置\策略\管理模板\Windows 组件\Internet Explorer\

用户配置\策略\管理模板\Windows 组件\Internet Explorer\

首选项位置：用户配置\首选项\控制面板设置\Internet 设置\

（4）打印机

通过策略，可以设置打印机的工作模式、计算机允许使用的打印功能、用户允许对打印机的操作等。

通过首选项可以映射和配置打印机，这些首选项包括配置本地打印机以及映射网络打印机。

因此，可以运用首选项为客户机创建网络打印机或本地打印机，通过策略来限制用户和客户机的打印相关功能设置。

策略位置：用户配置\策略\管理模板\控制面板\打印机\

计算机配置\策略\管理模板\控制面板\打印机\

首选项位置：用户配置\首选项\控制面板设置\打印机\

（5）【开始】菜单

通过策略设置，可以控制和限制【开始】菜单选项和不同的【开始】菜单行为。例如，可以指定是否要在用户注销时清除最近打开的文档历史，或是否在【开始】菜单上禁用拖放操作，还可以锁定任务栏，移除系统通知区域的图标以及关闭所有气球通知等。

通过首选项，可以如同控制面板中的任务栏和【开始】菜单属性对话框一样来配置。

（6）用户和组

通过策略设置，可以限制 AD 组或计算机本地组的成员。

通过首选项设置，可以创建、更新、替换或删除计算机本地用户和本地组。

对于计算机本地用户，可以进行如下操作：

① 重命名用户账号。

② 设置用户密码。

③ 设置用户账号的状态标识（如账号禁用标识）。

对于计算机本地组，首选项可以进行如下操作：

① 重命名组。

② 添加或删除当前用户。

③ 删除成员用户或成员组。

策略位置：计算机配置\策略\Windows 设置\安全设置\受限制的组\
首选项位置：计算机配置\首选项\控制面板设置\本地用户和组\
用户配置\首选项\控制面板设置\本地用户和组\

项目分析

为了解决公司提出的 3 个问题，可以通过计算机或用户的首选项来完成。

对于问题（1），通过首选项可以定义客户端操作系统的【开始】菜单。

对于问题（2），通过首选项可以映射驱动器，同时可以基于某个选项来过滤一定的对象，可以将 OU 设置为业务部，这样业务部 OU 里的用户都会自动映射驱动器。

对于问题（3），可以通过首选项更新本地计算机用户名的方式来实现。

项目操作

1. 用户环境（首选项）部署

（1）在【服务器管理器】主窗口下，单击【组策略管理】，在弹出的【组策略管理】界面中选择【Default Domain Policy】，右键单击，在弹出的快捷菜单中选择【编辑】进行域默认组策略修改，如图 21-2 所示。

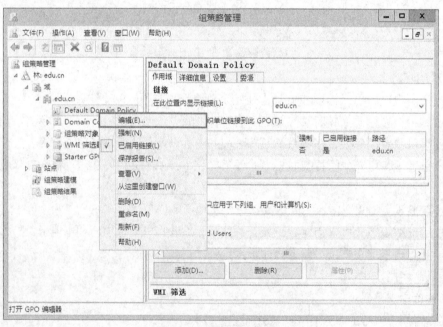

图 21-2　编辑默认组策略

（2）在弹出的【组策略管理编辑器】中依次展开【用户配置】→【首选项】→【开始】菜单，右键单击，根据客户端的操作系统进行配置，如图 21-3、图 21-4 所示。

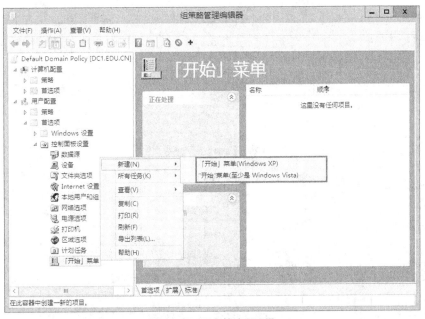

图 21-3　用户首选项配置

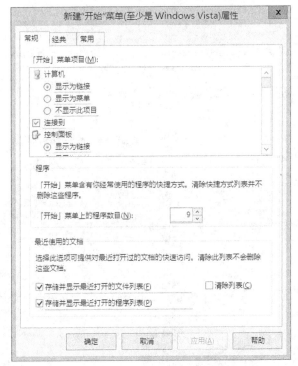

图 21-4　[开始]菜单首选项配置

（3）在【业务部】下创建【业务部首选项】并右键单击，在弹出的快捷菜单中选择【编辑】，如图 21-5 所示。

（4）在弹出的【组策略管理编辑器】中依次展开【用户配置】→【首选项】→【控制面板设置】→【驱动器映射】，右键单击，在弹出的快捷菜单中选择【新建】→【映射驱动器】，在弹出的对话框中输入共享目录位置，并选择映射的驱动器号，切换选项卡至【常用】，勾选【项目级别目标】，单击【目标】，在弹出的【目标编辑器】中选择【新建项目】，选择【组织单位】，通过浏览选择【业务部】OU，勾选【仅直接成员】和【OU 中的用户】，如图 21-6、图 21-7所示。

图 21-5　编辑组策略

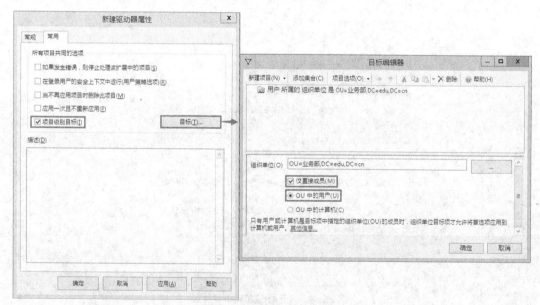

图 21-6　编辑映射驱动器配置

2．计算机环境（首选项）部署

（1）在【服务器管理器】主窗口下，单击【组策略管理】，在弹出的【组策略管理】界面中选择【Default Domain Policy】，右键单击，在弹出的快捷菜单中选择【编辑】进行域默认组策略修改。

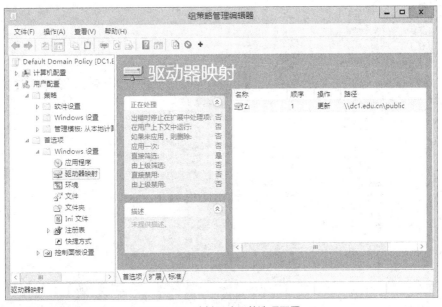

图 21-7　映射驱动器首选项配置

（2）在弹出的【组策略管理编辑器】中依次展开【计算机配置】→【首选项】→【windows 设置】→【本地用户和组】，右键单击，在弹出的快捷菜单中选择【新建】→【本地用户】，将【操作】选项设置为【更新】，【用户名】选择为【Administrator(内置)】，【重名名为】"admin" 并设置密码，这样所有计算机的本地管理员账户将从 "administrator" 更新为 "admin"，如图 21-8、图 21-9 所示。

图 21-8　配置本地用户属性

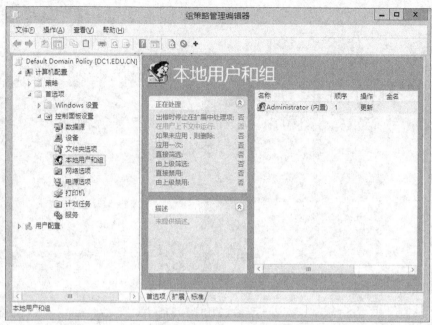

图 21-9　查看首选项配置

（3）根据需求配置首选项，计算机首选项如图 21-10 所示。

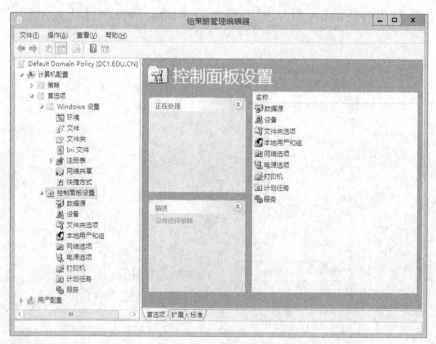

图 21-10　计算机首选项

项目验证

（1）验证【用户首选项】中【业务部】用户登录时是否会映射驱动器，如图 21-11 所示。

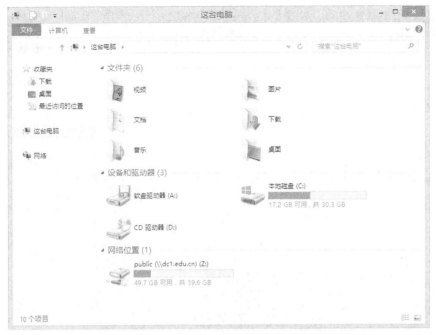

图 21-11 用户首选项配置成功

（2）验证【计算机首选项】中的计算机管理员账户是否从 "administrator" 更新为 "admin"，如图 21-12 所示。

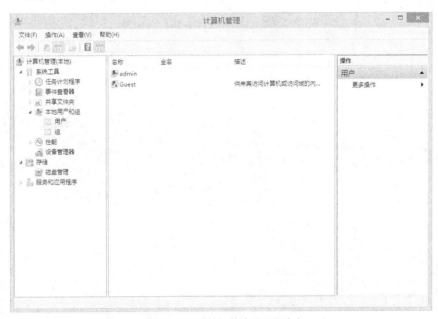

图 21-12 计算机首选项配置成功

习题与上机

一、简答题

（1）当首选项和策略冲突时，哪个优先？

（2）通过组策略管理用户环境主要应用于哪些场景？

（3）简述用户首选项和计算机首选项的主要作用是什么。

二、项目实训题

（1）项目背景

以学生姓名简写（拼音的首字母）.cn 为域名建立自己的公司域，采用的 IP 地址段统一为 10.x.y/24（x 为班级编号，y 为学号）。

（2）项目要求

通过计算机首选项和用户首选项定义用户的环境，并截取实验结果。

项目拓扑如图 21-13 所示。

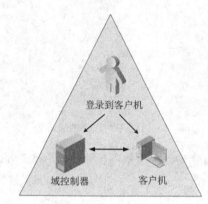

图 21-13　项目拓扑

PART 22

项目描述

EDU 公司基于 Windows Server 2012 活动目录管理用户和计算机，在公司的多个 OU 中都部署了组策略。在组策略管理时发现很难直观显示管理员部署的组策略内容，往往需要借助其他工具或者日志来查询。

在应用一些新的组策略时，有时发现一些计算机并没有应用到新的组策略。这样给公司的生产环境的部署带来了一定的困扰，公司希望通过规范的管理组策略，从而提高域环境的可用性，实现域用户和计算机的高效管理。

相关知识

通过组策略管理工具进行组策略管理，域管理员可以方便地完成下列任务：

（1）可以直观地查看组策略设置、禁用组策略的用户设置或计算机设置。

（2）配置组策略筛选，可以使组策略只应用到满足特定查询条件的用户和计算机上，如将部署软件的组策略只应用到 Windows 7 的客户端计算机中。

（3）组策略的授权管理，创建组策略、编辑组策略、链接组策略到特定 OU 等。

（4）配置计算机的用户组策略环回处理模式，可以更改域用户登录时应用组策略的行为。

（5）使用组策略建模和组策略结果监控组策略应用，排除组策略应用中的错误。

（6）组策略的备份与还原。

针对上述任务，下面将分别举例说明。

1．查看组策略设置

组策略的设置有 3 种状态：【未配置】、【已启用】和【已禁用】。创建的新的组策略，所有的设置都是【未配置】，使用组策略工具可以方便地查看组策略设置，即【已启用】和【已禁用】的设置。如图 22-1 所示，选中组策略后，切换到【设置】选项卡可以非常方便地查看组策略的设置（未配置的设置不显示）。

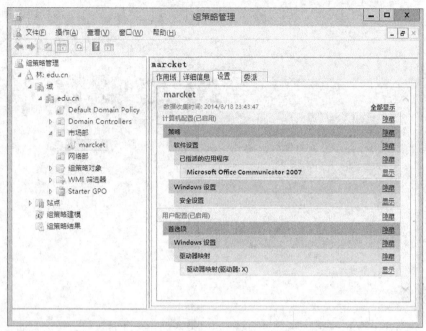

图 22-1　组策略管理器中策略的【设置】选项卡

2.指定组策略的状态

如图 22-2 所示，组策略的状态可以是【已启用】、【已禁用所有设置】、【已禁用计算机配置设置】和【已禁用用户配置设置】。

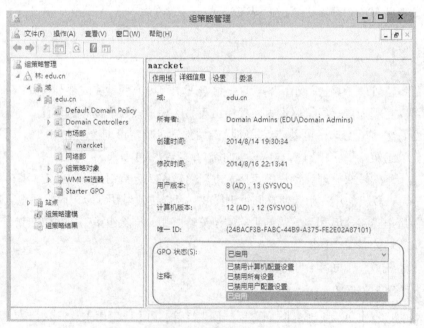

图 22-2　组策略的状态

如果该组策略只是管理计算机的，就可以将组策略状态指定为【已禁用用户配置设置】，这样用户登录时就不再检查该组策略是否配置了用户设置，能够减少用户登录等待的时间。

3.组策略的作用域及安全筛选

一个组策略可以链接到多个容器，如图 22-3 所示，通过查看组策略的【作用域】选项卡可以看到一个组策略链接到哪些容器。

图 22-3　查看组策略的【作用域】

如果域管理员只希望将该策略作用于特定的用户、组或计算机，可以通过编辑【安全筛选】来进行配置，如图 22-3 中的组策略仅想应用于市场部中的上海市场部组成员，那么就可以先删除"Authenticated Users"，然后添加"上海市场部"组账户，这样该组策略就仅作用于市场部下的上海市场部组账户成员和计算机，结果如图 22-4 所示。

图 22-4　查看组策略的作用域

4. 配置用户组策略环回处理模式

组策略的环回处理模式应用于组策略中，计算机策略和用户策略相冲突时的优先级设置。

（1）启用后，如果有策略冲突，则计算机配置优先于用户配置（即合并模式，计算机需要重启）。打开【GPO】→【计算机配置】→【管理模板】→【系统】→【组策略】→【用户组策略环回处理模式】，如图22-5所示。

（2）如果没有设置环回处理，则用户配置优于计算机配置（即替换模式）。

环回处理模式包括替换模式和合并模式。

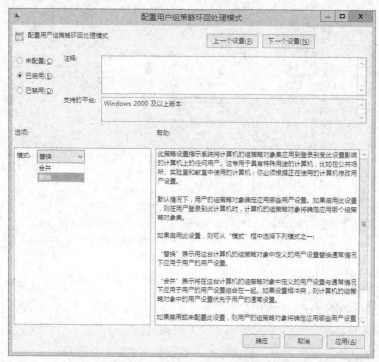

图 22-5 【用户组策略环回处理模式】

① 替换模式：此模式将在计算机 GPO 中定义的用户设置替换为通常应用的用户设置。

② 合并模式：此模式将在计算机 GPO 中定义的用户设置与通常应用的用户设置合并。如果设置出现冲突，计算机 GPO 中的用户设置优先于用户的通常设置（计算机优先）。

5. 关于 OU 的策略继承

在 AD 组策略中，如果存在大量的组策略，那么各组织应基于下列原则应用组策略：

（1）组织默认继承父组织的策略。

（2）组织如果遇到多个策略，并且有冲突，则采用"就近原则"。

（3）如果父组织策略设置【强制】，则子组织策略只能使用父组织的策略。

（4）如果一个组织有多个策略，并且这多个策略有冲突，则按优先级来决定策略的应用，但如果置后的策略设置【禁止替代】，则以禁止替代的为优先。

项目分析

为了解决有些组策略没有应用上的问题，必须明白组策略的应用优先级，站点策略 < 域策略 < 父 OU 策略 < 子 OU 策略，这样才能将组策略部署到位，如果父 OU 策略设置了一个限制，子 OU 不想继承，可以【阻止继承】，如果父 OU 策略需要强制下发，可以将父 OU 策略设置为【强制】，这样尽管子 OU 不想继承，设置【阻止继承】也无济于事。

下面就常见的几种组策略管理进行举例说明：

（1）组策略的阻止和强制继承。

（2）组策略的备份和还原。

（3）查看组策略。

（4）针对某个对象查看其组策略。

项目操作

1. 组策略的阻止和强制继承

（1）在【服务器管理器】主窗口下，单击【组策略管理】，在弹出的【组策略管理】界面中选择【Default Domain Policy】，右键单击，在弹出的快捷菜单中选择【编辑】进行域默认组策略修改，如图 22-6 所示。

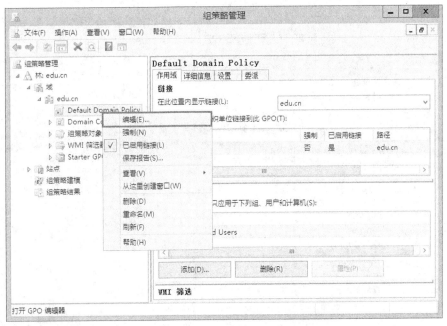

图 22-6　编辑默认组策略

（2）在弹出的【组策略管理编辑器】中依次展开【用户配置】→【策略】→【管理模板：从本地计算机中检索的策略定义（ADMX 文件）】→【桌面】，找到【删除桌面上的"计算机"图标】并将其启用，如图 22-7 所示。

（3）当不想【业务部】的用户继承父组织策略的时候，可以在【业务部】OU 右键单击，在弹出的快捷菜单中选择【阻止继承】，这样父组织策略就不会继承给子对象了，如图 22-8 所示。

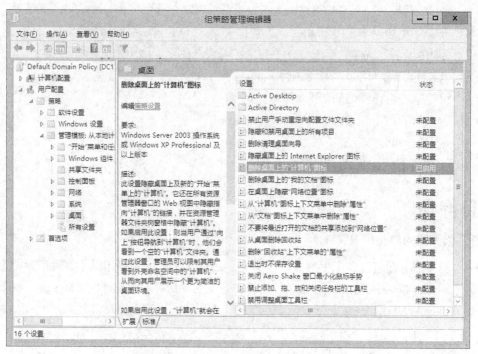

图 22-7　删除桌面上的"计算机"图标

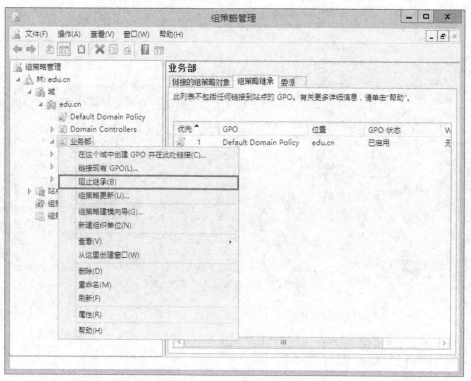

图 22-8　【业务部】的用户阻止继承父策略

（4）在【服务器管理器】主窗口下，单击【组策略管理】，在弹出的【组策略管理】界面中找到【业务部】，右键单击，在弹出的快捷菜单中选择【在这个域中创建 GPO 并在此处链接(C)...】，在弹出的【新建 GPO】输入【业务部桌面策略】，如图 22-9 所示。

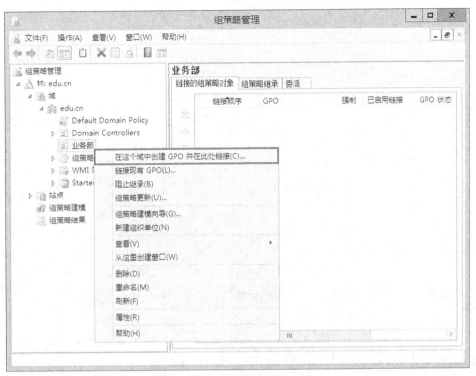

图 22-9 创建业务部阻止继承组策略

（5）右键单击【业务部桌面策略】，在弹出的快捷菜单中选择【编辑】，在弹出的【组策略管理编辑器】中依次展开【用户配置】→【策略】→【管理模板：从本地计算机中检索的策略定义（ADMX 文件）】→【桌面】找到【删除桌面上的"计算机"图标】并将其禁用，如图22-10 所示。

（6）当父组织策略和子对象的策略冲突时，会优先子对象的策略，如果父组织策略需要子对象必须执行，可以在父组织策略中选择【强制】，即使子对象设置了阻止继承，也同样会继承父组织策略，如图 22-11 所示。

2．组策略的备份和还原

在【服务器管理器】主窗口下，单击【组策略管理】，在弹出的【组策略管理】界面中找到【组策略对象】，右键单击，在弹出的快捷菜单中选择【全部备份】或者在单个策略右键单击，在弹出的快捷菜单中选择【备份】可以备份组策略，可以通过管理备份将已经备份的组策略进行【还原】，如图 22-12、图 22-13 所示。

3．查看组策略

（1）在【服务器管理器】主窗口下，单击【组策略管理】，在弹出的【组策略管理】界面中找到【Default Domain Policy】，右键单击，在弹出的快捷菜单中选择【保存报告】，将报告保存到指定位置，然后通过网页的方式可以查看该组策略进行设置的条目，如图 22-14、图 22-15 所示。

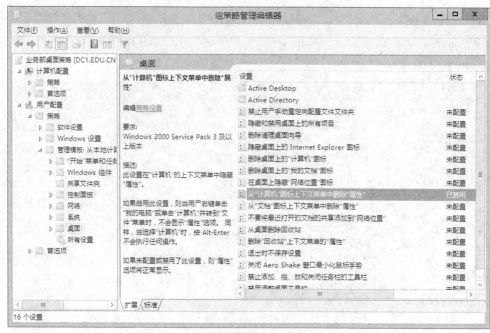

图 22-10　禁止删除桌面上的"计算机"图标

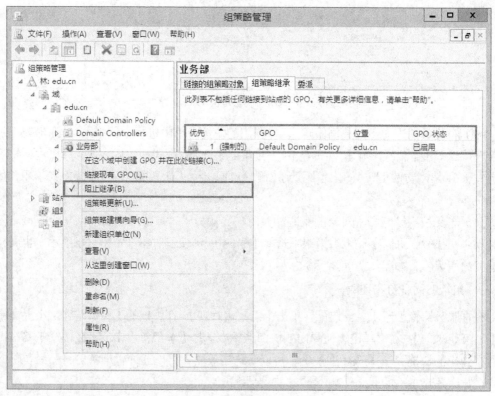

图 22-11　父策略启用【强制】

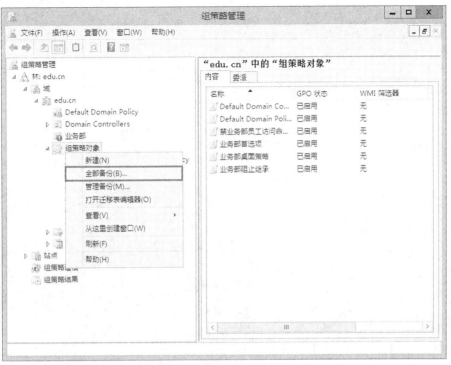

图 22-12 组策略备份

图 22-13 组策略管理

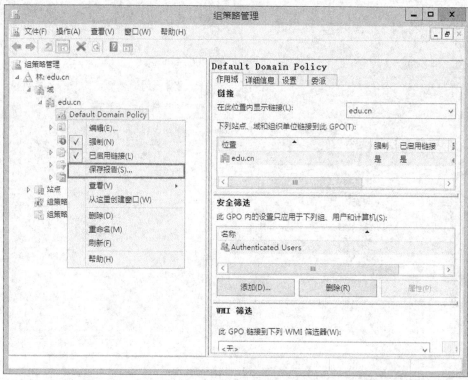

图 22-14　保存组策略报告

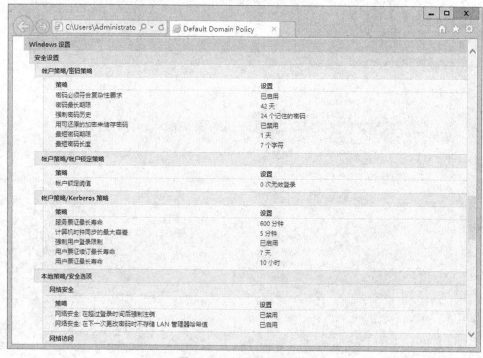

图 22-15　查看组策略报告

　（2）也可以通过在【组策略管理】界面中，选择【Default Domain Policy】策略，在右边切换选项卡至【设置】，同样可以很详细地查看组策略的设置，如图 22-16 所示。

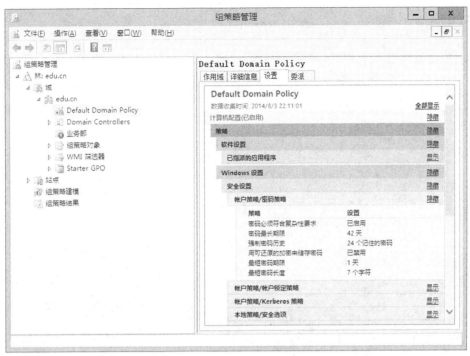

图 22-16　查看组策略设置

4．针对某个对象查看其组策略

在【服务器管理器】主窗口下，单击【组策略管理】，在弹出的【组策略管理】界面中找到【组策略】，右键单击，在弹出的快捷菜单中选择【组策略结果向导】，通过向导选择某个对象，查看应用到该对象的组策略，如图 22-17 所示。

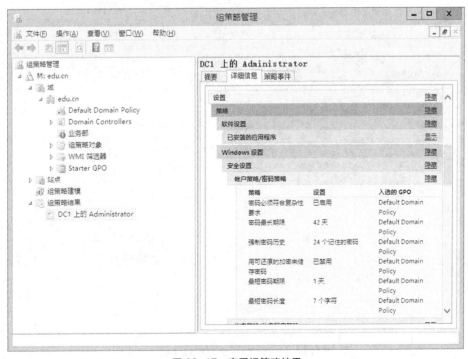

图 22-17　查看组策略结果

项目验证

（1）验证【业务部】的用户【阻止继承】父组织策略是否成功，如图 22-18 所示。

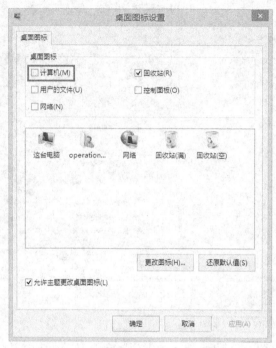

图 22-18　【桌面图标】中的【计算机】可选

（2）验证父组织策略【强制】是否成功，如图 22-19 所示。

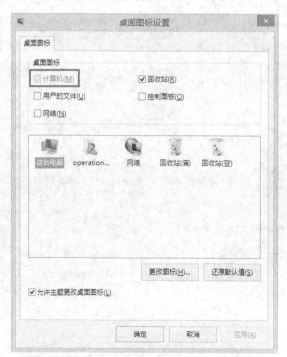

图 22-19　【桌面图标】中的【计算机】不可选

习题与上机

一、简答题

（1）配置好组策略后可以通过什么方式进行查看？

（2）父 OU 和子 OU 的组策略设置冲突时哪个优先？

（3）能够查看某个用户最终应用到该用户的组策略？

（4）能否实现某个用户不应用其 OU 的策略？

二、项目实训题

（1）项目背景

以学生姓名简写（拼音的首字母）.cn 为域名建立自己的公司域，采用的 IP 地址段统一为 10.x.y/24（x 为班级编号，y 为学号）。

（2）项目要求

将组策略进行备份，然后删除组策略，使用备份文件还原组策略，查看应用到 jack 用户的组策略，并截取实验结果。

项目拓扑如图 22-20 所示。

图 22-20　项目拓扑

第7部分

域的维护与管理

PART 23 项目 23
提升域/林的功能级别、部署多元密码策略

项目描述

EDU 公司基于 Windows Server 2012 活动目录使用了一段时间之后，域管理员基本上每天都需要处理用户的密码问题，由于采用了复杂性密码策略，员工不仅需要记住复杂的密码，还必须定期更新，所以生产部、市场部等的很多员工经常忘记密码或密码过期导致工作无法正常开展。

公司希望针对一些安全性要求比较低的部门允许其采用简单化密码策略，以减少域管理员的用户密码管理工作量，但对安全性要求比较高的核心部门还必须采用复杂性密码策略。

相关知识

1. 多元化密码策略

活动目录域控制器的安全性非常重要，而域管理员密码的保护则是安全性保护中很重要的一环，通过制定复杂性密码策略可以减少人为的和来自网络入侵的安全威胁，保障活动目录的安全。

在活动目录中，默认情况下，一个域只能使用一套密码策略，这套密码策略由【Default Domain Policy】进行统一管理。统一的密码策略虽然大大提高了安全性，但是也提高了域用户使用的复杂度。例如，域管理员的账户安全性要求很高，密码需要一定长度，每两周需要更改密码并且不能使用上次的密码；但是普通域用户并不需要如此高的密码策略，也不希望经常更改密码，复杂度很高的密码策略并不适合他们。

为了解决这个问题，从 Windows Server 2008 R2 开始，Windows 引入了多元密码策略（Fine-Grained Password Policy）的概念。多元密码策略允许针对不同用户或全局安全组应用不同的密码策略，例如：

（1）为企业管理员组配置高安全性密码策略，密码 20 位以上，两周过期等。

（2）为市场部用户组配置简单的密码策略，密码 6 位以上，90 天过期等。

多元密码策略由于应用到 Windows Server 2008 R2 的新功能，所以在实际应用中要求域

的功能级别必须为 Windows Server 2008 R2 以上。

2．域/林功能级别

Windows 2003、Windows 2008、Windows 2012 都可以提供活动目录功能，然而不同版本的操作系统的域提供的功能服务不同，同时高版本 OS 兼容低版本 OS。在 AD 内如果域控制器是由多种不同版本的服务器系统组成，那么由于低版本 OS 不支持高版本 OS 的部分功能将导致该 AD 域只能以低版本状态运行。

域和林功能级别提供了一种方式来在 Active Directory 域服务 (AD DS) 环境中启用全域性或全林性功能。不同的网络环境，则有不同级别的域功能和林功能级别。

如果域或林中的所有域控制器运行的都是最新的 Windows Server 版本，并且域和林功能级别设置为最高值，则所有全域性功能和全林性功能都可用。当域或林包含运行早期版本的 Windows Server 的域控制器时，AD DS 功能会受到限制。

也就是说域的功能级别就是用于设定域内所有域控制器允许使用的功能，这取决于域内工作在最低版本的域控制器的 OS 级别。所以如果要采用新的 OS 提供的域功能，就需要将域的功能级别进行提升，而提升域功能级别的条件就是先保障该域的所有域控制器都运行在不低于要提升的域功能级别。

域功能级别和林功能级别的提升需要手动完成。域功能启用了可影响整个域以及仅影响该域的功能。表 23-1 列出域/林功能级别及其相应支持的域控制器。

表 23-1 域/林功能级别及其相应支持的域控制器

域/林功能级别	支持的域控制器操作系统
Windows Server 2003	Windows Server 2003
	Windows Server 2008
	Windows Server 2008 R2
	Windows Server 2012
Windows Server 2008	Windows Server 2008
	Windows Server 2008 R2
	Windows Server 2012
Windows Server 2008 R2	Windows Server 2008 R2
	Windows Server 2012
Windows Server 2012	Windows Server 2012

备注：如果要详细了解各域/林功能级别所启用的功能可以参考微软官方网站 http://technet. microsoft.com/。

项目分析

通过多元密码策略可以针对不同用户组配置不同的密码策略，根据公司项目要求，首先需要将域的功能级别手动升级到 Windows Server 2008 R2 以上，然后根据以下两条假设部署公司网络部和业务部的密码策略。

（1）配置【网络部】组用户必须使用不少于 8 位的复杂密码。

（2）配置【业务部】组用户可以使用大于 6 位的简单密码。

项目操作

1．提升域功能级别和林功能级别

（1）在【服务器管理器】主窗口下，单击【工具】，在下拉列表中选择【Active Directory 管理中心】，在弹出的【Active Directory 管理中心】中选择左边的【edu(本地)】，再单击右边【提升域功能级别】，在弹出的【提升域功能级别】对话框中，可以看到当前域功能级别为【Windows Server 2008 R2】，选择【Windows Server 2012 R2】并单击【确定】提升域功能级别，如图 23-1 所示。

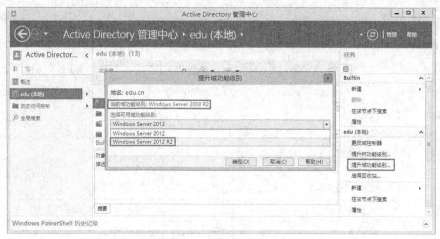

图 23-1　提升域功能级别

（2）单击右边的【提升林功能级别】，选择【Windows Server 2012 R2】，提升成功，如图 23-2 所示。

图 23-2　提升域功能级别和林功能级别

2. 配置多元化密码

（1）创建【网络部】和【业务部】组，并在【网络部】组下创建 "network_user1" 用户；【业务部】组下创建 "operation_user1" 用户，如图 23-3 所示。

图 23-3　创建用户和组

（2）在【Active Directory 管理中心】中选择左边的【edu(本地)】，找到【System】，再找到【Password Settings Container】并单击右边的【新建】，选择【密码设置】，如图 23-4 所示。

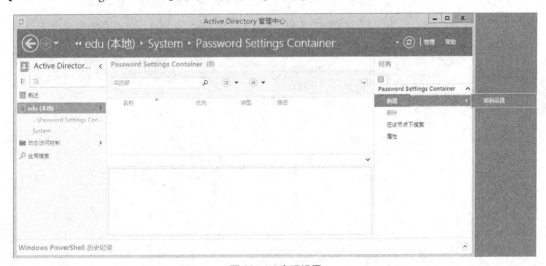

图 23-4　密码设置

（3）在弹出的【密码设置】对话框中，配置【名称】为 "网络部组密码策略"，【优先】为 "10"，【密码长度最小值】为 "8"，勾选【密码必须符合复杂性要求】复选框并将该策略应到【网络部】组中，如图 23-5 所示。

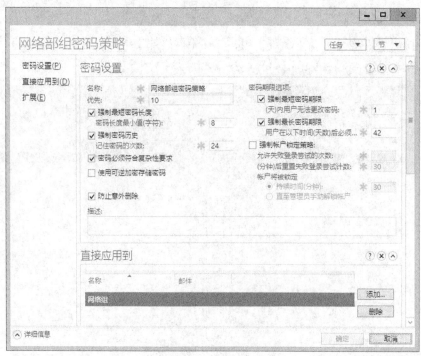

图 23-5　密码策略设置

（4）使用同样的方式，配置业务部组密码策略，配置【名称】为"业务部组密码策略"，【优先】为"10"，【密码长度最小值】为"6"，不勾选【密码必须符合复杂性要求】复选框并将该策略应到【业务部】组中，如图 23-6 所示。

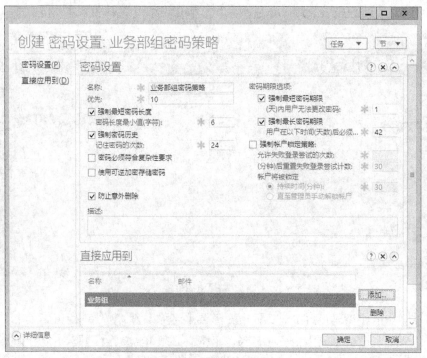

图 23-6　密码策略设置

项目验证

（1）重置【网络部】组用户"network_user1"密码，将其设置为"123456"，此时提示重置密码失败，如图 23-7 所示。

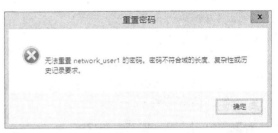

图 23-7　验证【网络部】组密码策略

（2）重置【业务部】组用户"operation_user1"密码，将其设置为"123456"，此时并没有弹出任何错误提示，更改密码成功，如图 23-8 所示。

图 23-8　验证【业务部】组密码策略

习题与上机

一、简答题

（1）域功能级别和林功能级别分别指的是什么？
（2）多元密码策略的应用范围是什么？请举例说明。

二、项目实训题

（1）项目背景

以学生姓名简写（拼音的首字母）.cn 为域名建立自己的公司域，采用的 IP 地址段为统一为 10.x.y/24（x 为班级编号，y 为学号）。

（2）项目要求

请截取以下多元密码策略实验结果图。

① 从安全和易用考虑，普通域用户账户密码策略必须满足以下要求。

● 密码长度至少为 5 位。

● 密码不需要满足复杂性要求。

● 密码最短使用 0 天。

● 账户锁定阈值 5 次。

● 账户锁定时间 30 分钟。

② 从安全考虑，域管理员的成员账户必须符合以下要求。

● 密码长度至少为 7 位。

● 密码必须满足复杂性要求。

● 密码最短使用 0 天。

● 强制密码历史 5 个。

● 账户锁定阈值 3 次。

● 账户锁定时间 30 分钟。

③ 市场部的计算机的本地用户账户密码策略必须符合以下要求。

● 密码长度至少为 3 位。

● 密码不需要满足复杂性要求。

● 密码最短使用 0 天。

● 账户锁定阈值 5 次。

● 账户锁定时间 30 分钟。

PART 24

项目 24
操作主控角色的
转移与强占

项目描述

EDU 公司基于 AD 管理用户和计算机，为提高客户登录和访问域控制器效率，公司安装了多台额外域控制器，并启用全局编录。

在 AD 运营一段时间后，随着公司用户和计算机数量的增加，公司发现用户 AD 主域控制器 CPU 经常处于繁忙状态，而额外域控制则只有 5%不到。公司希望额外域控制能适当分担主域控制器的负载。

某次意外，突然导致主域控制器崩溃，并无法修复，公司希望能通过额外域控制修复域功能，保证公司的生产环境能够正常运行。

公司拓扑如图 24-1 所示。

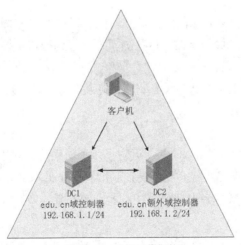

客户机

DC1
edu. cn域控制器
192.168.1.1/24

DC2
edu. cn额外域控制器
192.168.1.2/24

图 24-1 公司网络拓扑

相关知识

操作主控（Flexible Single Master Operation，FSMO）是指在活动目录中用于执行某些特定功能的域控制器，如资源安全标识符 SID 的管理、架构管理等。

活动目录支持目录林中所有域控制器间目录变化的多主控复制，在多主控复制过程中，如果对两个不同的域控制器上的相同数据同时进行更新，则必然会发生复制冲突。

为了避免这些冲突，通过让一个单域控制器负责操作，一些操作可用单主控方式完成（不允许在其他 DC 上进行操作）。在全林范围定义了两种主控（角色）：

（1）【架构主控】。

（2）【域命名主控】。

每个域定义了 3 种私有主控（角色）：

（1）【PDC 仿真主控】。

（2）【基础架构主控】。

（3）【RID 主控】。

架构主控和域命名主控是目录林的唯一角色，在整个林中只有一个架构主控和一个域命名主控。其他则是每一个域都拥有自己的 PDC 仿真主控、RID 主控和基础架构主控。因此，在一个只有一个域的目录林中，共有 5 个操作主控角色。

活动目录保存着有关哪个域控制器拥有特定主控角色的信息，必要时能够查询活动目录的客户可以使用此信息联系操作主控。对于每个操作主控角色，只有拥有该角色的域控制器可以进行相关的目录改变。

任何域控制器都可以配置为操作主控（通过转移主控角色），当操作主控失效或不可用时，域管理员可以将操作主控角色移动到其他域控制器上。

1．操控主机的概念与功能

（1）架构主控

活动目录架构定义了各种类型的对象，以及组成这些对象的属性，活动目录以对象的形式存储这些定义。

架构定义了所有活动目录对象的对象类和属性，架构主控（Schema Master）是能够对目录架构进行写入操作的唯一域控制器，这些更新将从架构操作主控复制到林中的所有其他域控制器上。

如果架构主机的管理工具默认并没有安装，可以在命令行运行"Regsvr32 schmmgmt.dll"命令注册架构主机管理工具。

（2）域命名主控

域命名主控（Domain Naming Master）可防止多个域采用相同的域名加入到林中。在林中添加新域时，只有拥有域命名主控角色的域控制器有权添加新域。例如，当使用 AD 安装向导创建子域时，就需要和域命名主控联系并请求添加子域。如果域命名主控不可用，将导致域的添加和删除操作失败。

用于域命名主控角色的域控制器必须是全局编录服务器，在创建域对象时，域命名主控通过查询全局编录功能快速核实该对象名称是否唯一。

（3）PDC 仿真主控

PDC 仿真主控（PDC Emulator）用于支持活动目录运行于混合模式域内的 Windows NT 的任何备份域控制器（BDC）。PDC 仿真主控的主要作用如下：

① 管理来自客户端(Windows NT/95/98)的计算机账户的密码更改，计算机密码的变化需要写入到活动目录中。

② 最小化密码变化的复制等待时间。如果客户机的密码改变了，PDC 域控制器需要一定时间将变化复制到域中的每一个域控制器中。

③ 在默认情况下，PDC 仿真主机还负责同步整个域内所有域控制器上的时间。

④ 防止重写组策略对象（GPO）的可能。

默认情况下，组策略管理单元运行在拥有该域的 PDC 仿真主控上，这样可以减少潜在的复制冲突。

（4）RID 主控

域中的创建的每一个安全主体都拥有一个唯一的 SID，活动目录通过 RID 主控（RID Master）管理和分配这些 SID。

目录林通过给每一个域分配全林唯一的 Domain SID，当域创建一个新的安全主体（如用户、组对象）时，这些安全主体将由 RID 主控分配一个唯一的 SID，即：Object SID=Domain SID + RID（RID 通常是从 1 开始一个连续区块，因此刚刚新建的两个用户的 SID 是连续的）。

因此，目录林通过 Domain SID 标识每一个域，域通过 Object SID 标识每一个安全主体。

（5）基础结构主控

基础结构主控（Infrastructure Master）负责更新从它所在的域中的对象到其他域中对象的引用，每个域中只能有一个基础结构主控。基础结构主控将其数据与全局编录进行比较，全局编录通过复制操作接收所有域中对象的定期更新，从而使全局编录的数据始终保持最新，如果基础结构主控发现数据已过时，则它会从全局编录请求更新的数据，然后，基础结构主控再将这些更新的数据复制到域中的其他域控制器。

① 关于基础结构主控的对象引用管理

基础结构主控负责在重命名或更改组成员时更新"组到用户"的引用，当重命名或移动组成员时，则组所属的域的基础结构主控负责组的更新工作，这样当重命名或删除用户账户时，就可防止与该账户相关的组成员的身份丢失。

例如，在 AGUDLP 应用中，如果将域全局组改名，则原隶属于该组的用户的隶属组也将同步更新，同理通用组对应的成员也会同步更新。

在用户和组对象进行移动或修改时，基础结构主控根据以下规则更新对象标识：

● 如果对象移动，它的标识名将改变，因为标识名代表它在 AD 中的精确位置。

● 如果对象在域内移动，它的 SID 保持不变。

● 如果对象移动到另一个域中，SID 将变为新域的 SID。

● 无论在什么位置，GUID 都不变（GUID 在整个域中是唯一的）。

② 基础结构主控与全局编录

除非域中只有一个域控制器，否则基础结构主控角色 DC 不应启用全局编录。

在 AD 数据的复制中，域的基础结构主控将周期性的检查不在该域控制器上的对象引用。它通过查询全局编录服务器，以获得有关每个引用对象的标识名和 SID 的当前信息，如果该信息已改变，基础结构主控将在它的本地备份上做相应改变，并使用标准复制来将这些改变复制到域内的其他域控制器上。

因此，如果基础结构主控启用全局编录（默认启用），由于全局编录本身包含对象的标识名和相关信息，而这些数据和域复制数据无法共存，这将导致基础结构主控失效。

如果只有一台域控制器，那么它本身的信息就是最新的，所以也不存在同步问题。

2．操作主机的重要性

操作主机在 Active Directory 环境中，肩负着重要的作用，如果操作主机出现问题，将会出现以下问题：

（1）当架构主机不可用时，不能对架构进行更改。在大多数网络环境中，对架构更改的频率很低，并且应提前进行规划，以便使架构主机的故障不至于产生任何直接的问题。

（2）当域命名主机不可用时，不能通过运行 Active Directory 向导向 Active Directory 中添加域，同时也不能从目录林中删除域，如果在域命名主机不可用时试图通过运行 Active Directory 向导来删除域，那么就会收到一条"RPC 服务器不可用"的消息。

（3）当 RID 主机不可用时，所遇到的主要问题是不能向域中添加任何新的安全对象，如用户、组和计算机；如果试图添加，则会出现如下的错误消息："Windows 不能创建对象，因为：目录服务已经用完了相对标识号池"。

（4）当 PDC 主机不可用时，在本机模式环境中用户登录失败的可能性增大。如果重新设置用户密码，如用户忘记密码，然后管理员在一台 DC 上重新设置该用户的密码（这台 DC 目前不是该用户登录的身份验证 DC），那么该用户就必须等到密码更新到验证 DC 之后才能登录。

（5）当基础架构主机不可用时，结构主机故障对环境的影响是有限的。最终用户并不能感觉到它的影响，只对管理员执行大量组操作产生影响。这些组操作通常是添加用户或重新命名。在此情况下，结构主机故障是会延迟通过 AD 管理单元引用这些更改的时间。

3．操作主机的放置建议

默认情况：架构主机和域命名主机在根域的第一台 DC 上，其他 3 个主机（RID 主机、PDC 模拟主机、基础结构主机）角色在各自域的第一台 DC 上。

需要关注的两个问题。

（1）基础结构主控和 GC 的冲突

基础结构主控应该关闭 GC 功能，避免冲突（域控制器非唯一）。

（2）域运行的性能考虑

如果存在大量的域用户和客户机，并且部署了多台额外域控制器，那么可以考虑将域的角色转移一些到其他的额外域控制器上以分担部分工作。

项目分析

AD 额外域控制启用全局编录后，用户可以选择最近的 GC 查询相关对象信息，并且它还可以让域用户和计算机找到最近的域控制器并完成用户的身份验证等工作，这可以减轻主域控制的工作负载量。

AD 域控制器存在 5 种角色，如果没有将角色转移到其他域控制器上，则主域控制器会非常繁忙，所以通常将这 5 种角色"转移"一部分到其他额外域控制器上，这样各域控制器的 CPU 负担就相对均等，起到负载均衡作用。

额外域控制器和主域控制器数据完全一致，具有 AD 备份作用，如果主域控制器崩溃，可以将主域控制器的角色"强占"到额外域控制器，让额外域控制器自动成为主域控制器。如果后期主域控制器修复，那么可以再将角色"转移"回原主域控制器上。

根据本项目背景，我们将从以下 3 个操作来知道域管理员完成角色管理的相关工作。

（1）在域控制器都正常运行情况下，使用图形界面将主域控制器（DC1）的角色转移至额外域控制器（DC2）。

（2）在域控制器都正常运行情况下，使用"ntdsutil"命令将额外域控制器（DC2）的角色转移至主域控制器（DC1）。

（3）关闭主域控制器（模拟主域控制器故障），使用"ntdsutil"命令将主域控制器（DC1）的角色强占至额外域控制器（DC2）。

项目操作

1. 使用图形界面转移操作主机角色

（1）在主域控制器（DC1）的【服务器管理器】主窗口下，单击【工具】，在下拉列表中选择【Active Directory 用户和计算机】，在弹出的【Active Directory 用户和计算机】中选择左边的【edu.cn】，右键单击，在弹出的快捷菜单中选择【操作主机】，在弹出的【操作主机】对话框中可以看到当前的【RIP 主机】是【DC1.edu.cn】，如图 24-2 所示。

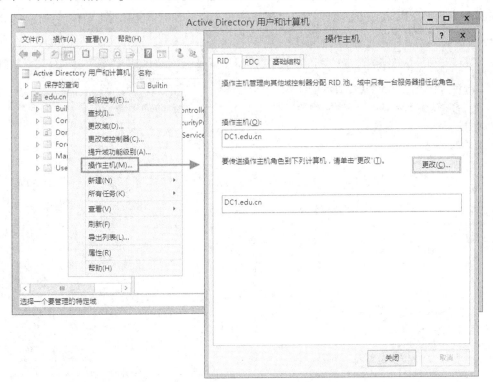

图 24-2 查看当前的【RID 主机】

（2）在【Active Directory 用户和计算机】中选择左边的【edu.cn】。右键单击，在弹出的快捷菜单中选择【更改域控制器】，在弹出的【更改目录服务器】中选择额外域控制器【DC2.edu.cn】，如图 24-3 所示。

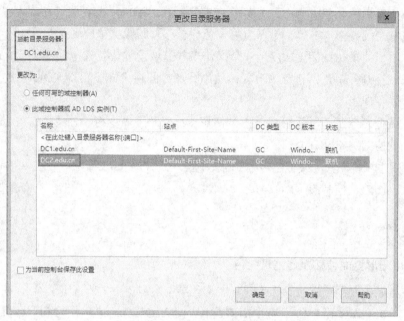

图 24-3 【更改目录服务器】

（3）在【Active Directory 用户和计算机】中再次选择左边的【edu.cn】，右键单击，在弹出的快捷菜单中选择【操作主机】，在弹出的【操作主机】选项卡中可以看到【要传送操作主机角色到下列计算机】是【DC2.edu.cn】，单击【更改】完成【RID 主机】的转移操作，如图 24-4 所示。

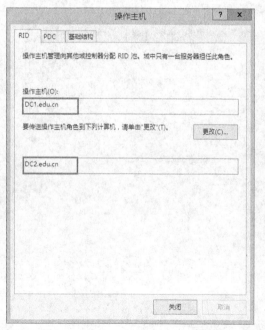

图 24-4 【RID 主机】转移

（4）在【操作主机】选项卡中切换至【PDC】，单击【更改】完成【PDC 主机】的转移操作，如图 24-5 所示。

（5）在【操作主机】选项卡中切换至【基础结构】，单击【更改】完成【基础结构主机】的转移操作，如图 24-6 所示。

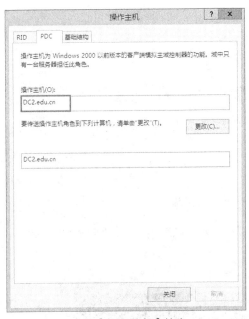

图 24-5　【PDC 主机】转移

图 24-6　【基础结构主机】转移

（6）在【服务器管理器】主窗口下，单击【工具】，在下拉列表中选择【Active Directory 域和信任关系】，使用同样的方式将【更改 Active Directory 域控制器】更改为额外域控制器【DC2.edu.cn】，如图 24-7 所示。

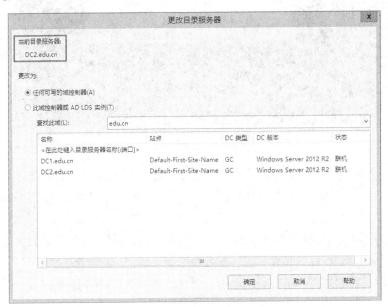

图 24-7　【更改目录服务器】

（7）在【Active Directory 域和信任关系】中使用同样的方式将【域命名操作主机】更改为【DC2.edu.cn】，如图 24-8 所示。

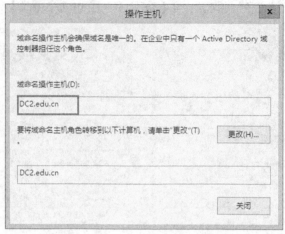

图 24-8　【域命名操作主机】转移

（8）打开命令提示符，输入"regsvr32 schmmgmt.dll"，系统提示注册动态链接库成功，如图 24-9 所示。

图 24-9　注册架构主机

（9）在命令提示符中输入"mmc"运行【控制台】，在【控制台】依次选择【文件】→【添加/删除管理单元】，在弹出的对话框中将【Active Diectory 架构】添加到【控制台】中，如图 24-10 所示。

（10）使用同样的方式，将【更改 Active Directory 域控制器】更改为额外域控制器【DC2.edu.cn】。

（11）使用同样的方式，将【架构主机】更改为【DC2.edu.cn】，如图 24-11 所示。

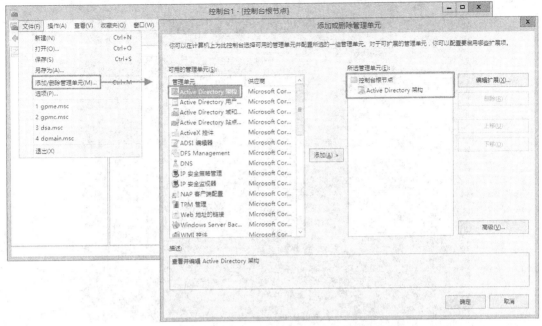

图 24-10 添加【Active Diectory 架构】到控制台

图 24-11 【架构主机】转移

2. 使用"ntdsutil"命令转移操作主机角色

（1）打开【Windows PowerShell】并输入"ntdsutil"命令，在"ntdsutil"里，不用记那些繁琐的命令，只要随时打"?"理解中文解释就可以了，如图 24-12 所示。

（2）从图 24-12 可以看出"Roles"命令可以"管理 NTDS 角色所有者令牌"，输入"Roles"进入"Roles"状态下，我们首先要使用"connections"命令来连接到操作主机转移的目标域控制器，这里我们要将额外域控制（DC2）的角色转移至主域控制器（DC1），所以这里应该输入"connect to server dc1.edu.cn"，如图 24-13 和图 24-14 所示。

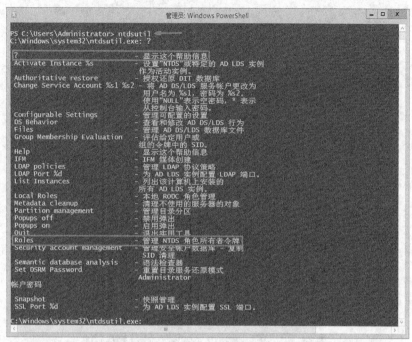

图 24-12　使用【Windows PowerShell】

```
C:\Windows\system32\ntdsutil.exe: Roles
fsmo maintenance: ?

?                              - 显示这个帮助信息
Connections                    - 连接到一个特定 AD DC/LDS 实例
Help                           - 显示这个帮助信息
Quit                           - 返回到上一个菜单
Seize infrastructure master    - 在已连接的服务器上覆盖结构角色
Seize naming master            - 覆盖已连接的服务器上的命名主机角色
Seize PDC                      - 在已连接的服务器上覆盖 PDC 角色
Seize RID master               - 在已连接的服务器上覆盖 RID 角色
Seize schema master            - 在已连接的服务器上覆盖架构角色
Select operation target        - 选择的站点、服务器、域，角色和命名上下文
Transfer infrastructure master - 将已连接的服务器定为结构主机
Transfer naming master         - 使已连接的服务器成为命名主机
Transfer PDC                   - 将已连接的服务器定为 PDC
Transfer RID master            - 将已连接的服务器定为 RID 主机
Transfer schema master         - 将已连接的服务器定为架构主机
```

图 24-13　进入"Roles"状态

```
fsmo maintenance: Connections
server connections: ?

?                      - 显示这个帮助信息
Clear creds            - 清除以前的连接凭据
Connect to domain %s   - 连接到 DNS 域名称
Connect to server %s   - 连接到服务器、DNS 名称[:端口号]
Help                   - 显示这个帮助信息
Info                   - 显示连接信息
Quit                   - 返回到上一个菜单
Set creds %s1 %s2 %s3  - 将连接凭据设置为域 %s1、用户 %s2、密码 %s3。
                         空密码使用"NULL"，
                         从控制台输入密码使用 *。

server connections: Connect to server dc1.edu.cn
绑定到 dc1.edu.cn ...
用本登录的用户的凭证连接 dc1.edu.cn。
server connections:
```

图 24-14　连接目标域控制器

（3）连接到【dc1.edu.com】后，使用"quit"命令返回上级菜单，使用"?"列出当前状态下的所有可执行指令，可以发现转移 5 个操作主机角色只需要简单执行 5 条命令即可，如

图 24-15 所示。

图 24-15 转移操作主机命令

（4）在【Windows PowerShell】里选中就是【复制】，单击右键就是【粘贴】，这里我们将
5 个角色都转移至【dc1.edu.com】，转换过程会有【角色传送确认对话】，单击【是】确认传
送即可，如图 24-16 所示。

图 24-16 转移操作主机

（5）转移完成之后，可以使用 "netdom query fsmo" 查看操作主机的信息，如图 24-17
所示。

图 24-17 查看操作主机

3．使用"ntdsutil"命令强占操作主机角色

（1）将主域控制器（DC1）的网卡禁用，模拟主域控制器出现故障，在额外域控制器（DC2）测试能否"ping"通 DC1，如图 24–18 所示。

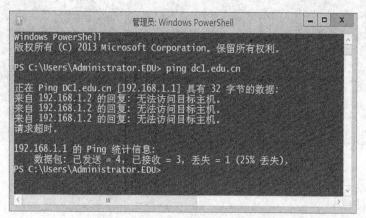

图 24–18　测试能否"ping"通 DC1

（2）在额外域控制器（DC2）上打开【Windows PowerShell】并输入"ntdsutil"命令，再输入"Roles"进入"Roles"状态下，这里我们连接额外域控制器（DC2），所以这里应该输入"connect to server dc1.edu.cn"，如图 24–19 所示。

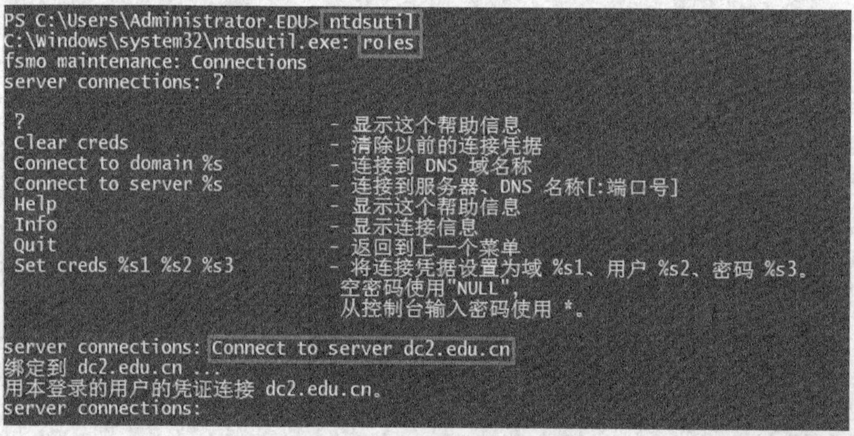

图 24–19　连接额外域控制器

（3）首先使用安全的转移方法来传送，会报错，因为已经无法和 dc1.edu.cn 通信了，也就不能在安全情况下进行转移了，如图 24–20 所示。

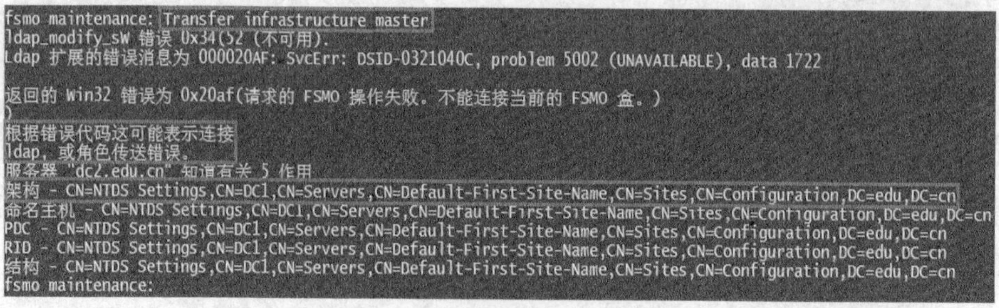

图 24–20　安全转移操作主机失败

（4）不能正常转移操作主机，那只能进行强占操作主机，同样输入"?"可以看到以下 5 条强占操作主机的命令，如图 24-21 所示。

```
fsmo maintenance: ?
?                              - 显示这个帮助信息
Connections                    - 连接到一个特定 AD DC/LDS 实例
Help                           - 显示这个帮助信息
Quit                           - 返回到上一个菜单
Seize infrastructure master    - 在已连接的服务器上覆盖结构角色
Seize naming master            - 覆盖已连接的服务器上的命名主机角色
Seize PDC                      - 在已连接的服务器上覆盖 PDC 角色
Seize RID master               - 在已连接的服务器上覆盖 RID 角色
Seize schema master            - 在已连接的服务器上覆盖架构角色
Select operation target        - 选择的站点，服务器，域，角色和命名上下文
Transfer infrastructure master - 将已连接的服务器定为结构主机
Transfer naming master         - 使已连接的服务器成为命名主机
Transfer PDC                   - 将已连接的服务器定为 PDC
Transfer RID master            - 将已连接的服务器定为 RID 主机
Transfer schema master         - 将已连接的服务器定为架构主机
```

图 24-21　强占操作主机命令

（5）先进行架构主机的占用，在 Windows PowerShell 里输入"Seize infrastructure master"，在弹出的【角色占用确认对话】对话框中单击【是】确认强占即可，强占之前会尝试安全传送，如果安全传送失败，就进行强占，整个过程时间稍微长了一些，大概 2 分钟左右，如图 24-22、图 24-23 所示。

角色占用确认对话

你确实想让服务器"dc2.edu.cn"用下列值占用 infrastructure 角色吗？

CN=NTDS
Settings,CN=DC2,CN=Servers,CN=Default-First-Site-Name,CN=Sites,CN=Configuration,DC=edu,DC=cn

是(Y)　　否(N)

图 24-22　角色占用确认对话

```
fsmo maintenance: Seize infrastructure master          可以看到强占之前进行了安全传送
在索取之前尝试安全传送 infrastructure FSMO。
ldap_modify_sw 错误 0x34(52 (不可用)。
Ldap 扩展的错误消息为 000020AF: SvcErr: DSID-0321040C, problem 5002 (UNAVAILABLE), data 1722

返回的 Win32 错误为 0x20af(请求的 FSMO 操作失败，不能连接当前的 FSMO 盒。)

根据错误代码这可能表示连接
ldap，或角色传送错误。
infrastructure FSMO 的传送失败，用索取继续 ...
服务器 "dc2.edu.cn" 知道有关 5 作用
架构 - CN=NTDS Settings,CN=DC1,CN=Servers,CN=Default-First-Site-Name,CN=Sites,CN=Configuration,DC=edu,DC=cn
命名主机 - CN=NTDS Settings,CN=DC1,CN=Servers,CN=Default-First-Site-Name,CN=Sites,CN=Configuration,DC=edu,DC=cn
PDC - CN=NTDS Settings,CN=DC1,CN=Servers,CN=Default-First-Site-Name,CN=Sites,CN=Configuration,DC=edu,DC=cn
RID - CN=NTDS Settings,CN=DC1,CN=Servers,CN=Default-First-Site-Name,CN=Sites,CN=Configuration,DC=edu,DC=cn
结构 - CN=NTDS Settings,CN=DC2,CN=Servers,CN=Default-First-Site-Name,CN=Sites,CN=Configuration,DC=edu,DC=cn
fsmo maintenance:       可以看到抢占成功了
```

图 24-23　强占操作主机

（6）使用同样的方式将其他 4 个操作主机进行强占，强占完成之后，使用"netdom query fsmo"查看操作主机的信息，如图 24-24 所示。

```
PS C:\Users\Administrator.EDU> netdom query fsmo
架构主机                DC2.edu.cn
域命名主机              DC2.edu.cn
PDC                    DC2.edu.cn
RID 池管理器            DC2.edu.cn
结构主机                DC2.edu.cn
命令成功完成。
```

图 24-24　查看操作主机

项目验证

（1）使用图形界面将主域控制器（DC1）的角色转移至额外域控制器（DC2），查看转移后操作主机信息，如图 24-25 所示。

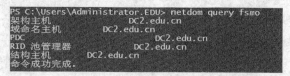

图 24-25　查看操作主机

（2）使用"ntdsutil"命令将额外域控制器（DC2）的角色转移至主域控制器（DC1），查看转移后操作主机信息，如图 24-26 所示。

```
PS C:\Users\Administrator> netdom query fsmo
架构主机                    DC1.edu.cn
域命名主机              DC1.edu.cn
PDC                                DC1.edu.cn
RID 池管理器          DC1.edu.cn
结构主机              DC1.edu.cn
命令成功完成.
```

图 24-26　查看操作主机

（3）使用"ntdsutil"命令将主域控制器（DC1）的角色强占至额外域控制器（DC2），查看强占后操作主机信息，如图 24-27 所示。

```
PS C:\Users\Administrator.EDU> netdom query fsmo
架构主机                    DC2.edu.cn
域命名主机              DC2.edu.cn
PDC                                DC2.edu.cn
RID 池管理器          DC2.edu.cn
结构主机              DC2.edu.cn
命令成功完成.
```

图 24-27　查看操作主机

习题与上机

一、简答题

（1）AD 中有多少种操作主控角色？它们的功能和作用分别是什么？

（2）为什么基础结构主控不能启用 GC 功能？

二、项目实训题

（1）项目背景

以学生姓名简写（拼音的首字母）.cn 为域名建立自己的公司域，采用的 IP 地址段为统一为 10.x.y/24（x 为班级编号，y 为学号）。

（2）项目要求

按本项目的背景完成项目任务。

项目 25
站点的创建与管理

项目描述

　　EDU 公司不断地发展壮大，在全国分布了几个分公司。EDU 总公司在广州，北京、上海、武汉都拥有分公司，公司使用 VPN 技术将各个分公司都互联了起来，每个分公司都拥有 edu.cn 域控制器。

　　在上班时间，AD 域控制器间经常进行数据同步，如果发生同步时间较长并且数据量较大的情况，那么就会影响公司日常业务的处理效率（网络延迟增加）。公司希望限制 AD 域控制器间的数据同步能自动在晚上进行 ，如果遇到重要数据需要同步则可以交由管理员手动触发同步。

　　公司拓扑如图 25-1 所示。

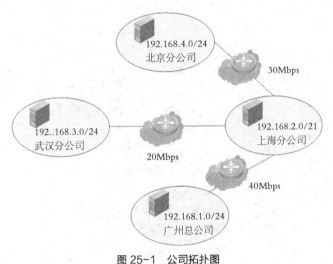

图 25-1　公司拓扑图

相关知识

1. 站点的作用

　　在部署了多台域控制器的环境中，当其中一台域控制器中修改了活动目录的数据时，这些修改会被同步到其他的域控制器中（默认 15 秒），但对于重要的数据，如账户锁定、域密码策略的改变等，它并不会等待 15 秒，而是立刻同步给其他域控制器。若两台 DC 之间使用低速的链路带宽，那么它们之间的复制就会占用相当大的网络带宽，从而加重链路带宽的负载。

通过建立网站点并将 AD 域控制器划入站点中，这样站点内的 DC 间将优先进行相互同步，站点间则可以通过设置专属服务器（桥头堡 DC）进行相互同步，这样可以有效提高 DC 间同步的效率。

一般来说，在局域网环境中带宽相对较高，所以可以将整个局域网划分成一个站点，但对于广域网环境建议将每个地区划分到一个站点中，同时设置域控制器在网络使用率较低的时段下进行同步。

2．站点复制

在 AD 中的不同站点之间进行数据同步时，所传送的数据会被压缩，以减少站点之间链接带宽的负担，但如果是相同站点内的域控制器之间，那么复制时就不会压缩数据。

活动目录默认将所有的域控制器都划入默认站点，因此，如果不同地域的域控制器的数据同步也将采用非压缩方式进行同步，那么将导致不同物理位置的通信链路带宽负载增加。

在 AD 中，需要将相同地理位置的域控制器划入同一个站点，这样不同地理位置的域控制器间的数据同步将采用压缩方式，这有利于提高带宽的利用率和同步效率。

3．站点的桥头服务器

假设北京和广州各有 2 台域控制器，那么在域控制器间进行数据同步时，北京的 2 台服务器和广州的 2 台服务器进行同步的数据往往是相同的，也就是说在北京和广州的链路上会传输大量相同的 AD 域控制器同步数据，这往往导致北京和广州间的链路负载过高。

如果我们可以这样来处理：首先北京的 2 台 DC 先进行数据同步，广州的 2 台 DC 也先进行同步，然后北京的一台 DC 和广州的一台 DC 进行数据同步，最后北京内部和广州内部再进行一次数据同步，如图 25-2 所示。

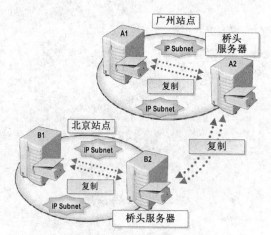

图 25-2　站点间复制和站点内复制

那么经过 3 个步骤的有序同步和原先无序的不同站点间的数据同步效果是一样的，但广州和北京间的链路的负载缺降低很多，因为后者在这条链路上只进行了一次数据同步传输。

在 AD 中为避免站点间数据同步的重复传输，通常都会在站点内设置一台桥头服务器，桥头服务器会先和站点内的域控制器间进行数据同步，然后桥头服务器会和其他站点的桥头服务器进行数据同步，最后桥头服务器再和站点内的 DC 进行数据同步以实现整个公司域控制器的数据同步。

每个站点内只能有一台桥头服务器，桥头服务器的设置优化了企业域控制器的同步，并提高了站点间的带宽利用率。

项目分析

EDU 公司的各个分公司都使用了 VPN 技术进行互联，分公司的链路带宽也不相同，为了避免域控制器实时同步给公司链路带来负担，所以可以将每个公司都划分到一个站点之中，并设置链接的链路参数。

（1）为总分公司创建站点及子网。

（2）在总分公司两两之间建立链接，并配置其复制参数。

（3）在各个站点中指定一台 DC 为桥头服务器。

项目操作

1. 创建站点及子网

（1）在广州总公司的域控制器（DC1）的【服务器管理器】主窗口下，单击【工具】，在下拉列表中选择【Active Directory 站点和服务】，在弹出的【Active Directory 站点和服务】对话框中将默认站点的名字 "Default-First-Site-Name" 改成 "Site-Guangzhou"，如图 25-3 所示。

图 25-3　修改默认站点名字

（2）右键单击【Active Directory 站点和服务】界面中的【Sites】，在弹出的快捷菜单中选择【新建】→【站点】，在弹出的【新建对象-站点】中输入北京分公司站点名字"Site-Beijing"并选择站点传输类型，如图 25-4 所示。

图 25-4 创建北京分公司站点

（3）使用同样的方式，创建上海分公司和武汉分公司的站点，如图 25-5 所示。

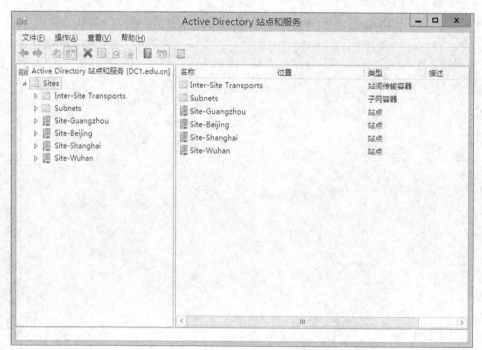

图 25-5 查看创建好的站点

（4）右键单击【Active Directory 站点和服务】界面中的【Sites】下的【Subnets】，在弹出

的快捷菜单中选择【新建子网】，在弹出的【新建对象-子网】中输入广州总公司的前缀并选中广州总公司的站点，如图 25-6 所示。

图 25-6　创建子网

（5）使用同样的方式，创建另外 3 个分公司的子网，如图 25-7 所示。

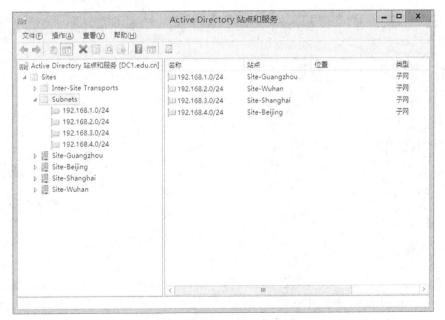

图 25-7　查看创建好的子网

2．创建站点链路并配置复制时间

（1）在【Active Directory 站点和服务】界面中依次展开【Sites】→【Inter-Site Transports】→【IP】，右键单击，在弹出的快捷菜单中选择【新站点链接】，在弹出的【新建对象-站点链接】中输入广州总公司和北京分公司链接的名称并选中其站点，如图 25-8 所示。

图 25-8　创建站点链接

（2）使用同样的方式，每两个站点之间创建站点链接，如图 25-9 所示。

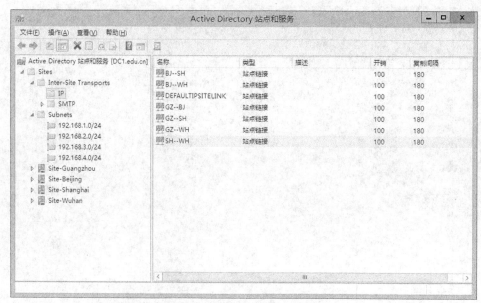

图 25-9　查看创建好的站点链接

（3）右键单击【GZ-BJ】，在弹出的快捷菜单中选择【属性】，可以更改同步的【开销】，【开销】值越小优先级越高，可以修改【复制频率】默认为180分钟，单击【更改计划】可以选择除上班时间以外可以进行站点复制，如图25-10所示。

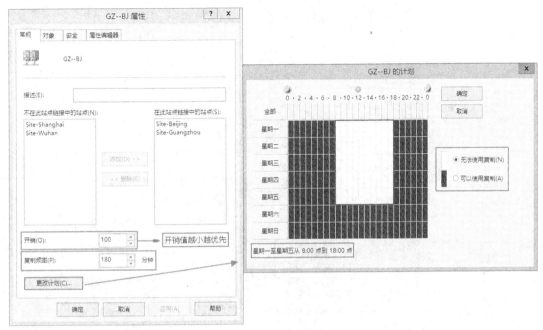

图25-10 链接属性

3. 站点中的 DC 归置

将各站点的域控制器拖放到自己的站点中，最终结果如图25-11所示。

图25-11 站点与站点内的域控制器

4．设置站点桥头服务器

假设广州站点将选择 DC1 作为其桥头服务器，则可在站点【Site-Guangzhou】展开的树形结构中选择【DC1】，右键单击，在弹出的快捷菜单中选择【属性】，如图 25-12 所示。

图 25-12　右键单击【DC1】弹出的快捷菜单

在如图 25-13 所示的【DC1 属性】对话框中，选择【IP】和【SMTP】，并添加到【此服务器是下列传输的首选桥头服务器(B):】中，完成 DC1 作为桥头服务器的设置。

图 25-13　设置 DC1 为广州站点的桥头服务器

其他站点的桥头服务器设置可通过相同操作来完成。

项目验证

验证各公司之间的复制，如图 25-14 所示。

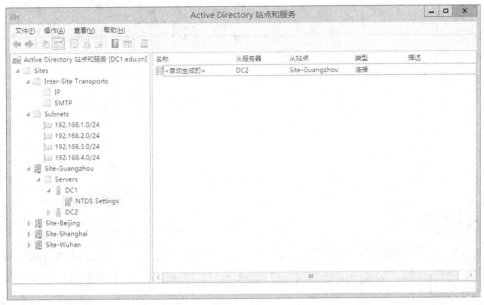

图 25-14　验证各公司之间的复制

习题与上机

一、简答题

（1）站点有什么作用？

（2）站点内的 DC 数据同步和站点间的 DC 数据同步有何不同？

（3）桥头服务器有什么作用？

二、项目实训题

完成本项目的部署。

项目 26
AD 的备份与还原

项目描述

EDU 公司基于 Windows Server 2012 活动目录管理公司员工和计算机。活动目录的域控制器负责维护域服务，如果活动目录的域控制器由于硬件或软件方面原因不能正常工作时，用户将不能访问所需的资源或者登录到网络上，更为重要的是这将导致公司网络中所有与 AD 相关的业务系统、生产系统等都会停滞。

通过定期对 AD DS 进行备份，当 AD 出现故障或问题时，就可以通过备份文件进行还原，修复故障或解决问题。因此，公司希望管理员定期备份 AD 活动目录服务。

公司拓扑如图 26-1 所示。

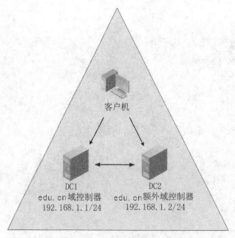

客户机

DC1
edu. cn域控制器
192.168. 1. 1/24

DC2
edu. cn额外域控制器
192.168. 1. 2/24

图 26-1   公司网络拓扑

相关知识

活动目录的备份一般使用微软自带的备份工具【Windows Server Backup】进行备份，活动目录有两种恢复模式：非授权还原和授权还原。

1．非授权还原

非授权还原可以恢复到活动目录到它备份时的状态，执行非授权还原后，有如下两种情况。

（1）如果域中只有一个域控制器，在备份之后的任何修改都将丢失。例如，备份后添加了一个 OU，则执行还原后，新添加的 OU 不存在。

（2）如果域中有多个域控制器，则恢复已有的备份并从其他域控制器复制活动目录对象的当前状态。例如，备份后添加了一个 OU，则执行还原后，新添加的 OU 会从其他域控制器上复制过来，因此该 OU 还存在。如果备份后删除了一个 OU，则执行还原后也不会恢复该 OU，因为该 OU 的删除状态会从其他的域控制器上复制过来。

2．非授权还原实际应用场景

（1）如果企业的域控制器正常，只是想要还原到之前的一个备份，使用非授权还原可以轻易完成。

（2）如果企业的域控制器出现崩溃且无法修复时，可以将服务器重新安装系统并升级为域控制器（IP 地址和计算机名不变），然后通过目录还原模式并利用之前备份的系统状态进行还原。

3．授权还原

当企业部署了额外域控制器时，如果主域控制器的内容和额外域控制器的内容不相同时，它们怎样进行数据同步呢？当域控制器发现 Active Directory 的内容不一致时，它们会通过比较 AD 的优先级来决定使用哪台 DC 的内容。Active Directory 的优先级比较主要考虑以下 3 个方面的因素。

（1）版本号：版本号指的是 Active Directory 对象修改时增加的值，版本号高者优先。例如，域中有两个域控制器 DC1 和 DC2，当 DC1 创建了一个用户，版本号会随之增加，所以 DC2 会和 DC1 进行版本号比较，发现 DC1 的版本号要高些，所以 DC2 就会向 DC1 同步 Active Directory 内容。

（2）时间：如果 DC1 和 DC2 两个域控制器同时对同一对象进行操作，由于操作间隔相关很小，系统还来不及同步数据，因此它的版本号就是相同的。这种情况下两个域控制器就要比较时间因素，看哪个域控制器完成修改的时间靠后，时间靠后者优先。

（3）GUID：如果 DC1 和 DC2 两个域控制器的版本号和时间都完全一致，这时就要比较两个域控制器的 GUID 了，显然这完全是个随机的结果。一般情况下，时间完全相同的非常罕见，因此 GUID 这个因素只是一个备选方案。

授权还原就是通过增加时间版本，使得 AD1 授权恢复的数据变得更新而实现将误操作的数据推送给其他 AD，而还原点时间之后新增加的操作由于并不在备份文件中，会从其他 DC 重新写入到 AD1 中。

4．授权还原实际应用场景

当企业部署了多台域控制器时，如果想通过还原来恢复之前被误删的对象时，可以使用授权还原。

如果企业有多台域控制器，将一台域控制器还原至一个旧的还原点时，之前的误删对象会暂时被还原，但是因为这台域控制器被还原到了一个旧的还原点，当接入域网络时，便会和其他域控制器进行版本比较，发现自己的版本较低便会同步其他域控制器的 AD 内容，将还原回来的对象再次删除，这样便无法还原被误删的对象。如果可以通过授权还原，也就是通过更改需要还原的对象的版本号，将其的值增加 10 万，使得它的版本号非常的高，当接入到网络时，其他的 AD 域将会因为版本低而同步这个对象，从而实现误删对象的还原。

项目分析

根据企业项目需求，下面我们通过以下操作模拟企业 AD 的备份与还原过程。

（1）在【业务部】OU 中创建两个用户"operation_user1"和"operation_user2"，并对域控制器进行备份。

（2）在部署单台域控制器环境中使用非授权还原被误删的【业务部】OU 中的"operation_user1"用户。

（3）在部署多台域控制器环境中使用授权还原被误删的【业务部】OU 中的"operation_user2"用户。

项目操作

1．备份域控制器

（1）在文件服务器（192.168.1.2）中创建一个名为【backup】的共享。

（2）在【业务部】OU 下新建两个用户，分别为"operation_user1"和"operation_user2"，如图 26-2 所示。

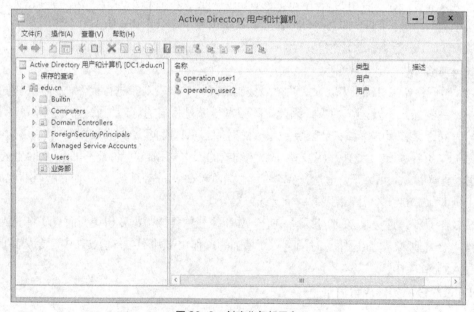

图 26-2　创建业务部用户

（3）在【服务器管理器】主窗口下，单击【添加角色和功能】，在【选择功能】对话框中勾选【Windows Server Backup】并安装。

（4）在【服务器管理器】主窗口下，单击【工具】下的【Windows Server Backup】，在打开的对话框中右键单击【本地备份】，在弹出的快捷菜单中选择【一次性备份】，如图 26-3 所示。

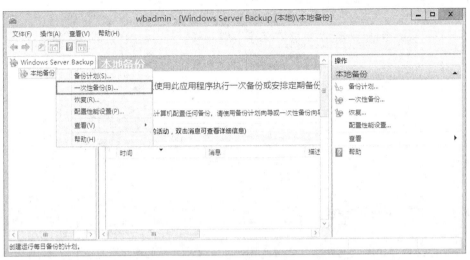

图 26-3 【一次性备份】

（5）在弹出的【一次性备份向导】中的【备份选项】选择【其他选项】并下一步，在【选择备份配置】中选择【自定义】并下一步，在【选择要备份的项】中选择【添加项目】，在弹出的【选择项】中勾选【系统状态】，如图 26-4 所示。

图 26-4 备份系统状态

（6）在【指定目标类型】中选择【远程共享文件夹】并下一步，在【指定远程文件夹】中的位置输入"\\192.168.1.2\Backup"并下一步，确认无误单击【备份】进行备份，如图 26-5 所示。

图 26-5　开始备份

2．非授权还原

（1）将【业务部】OU 下"operation_user1"用户删除，如图 26-6 所示。

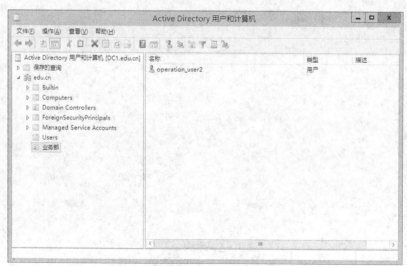

图 26-6　删除"operation_user1"用户

（2）域控制器开机，按【F8】进入高级启动选项，选择【目录服务修复模式】，如图 26-7

所示。

（3）在登录界面中不能使用域管理员账号登录，必须用本地的管理员账号登录，并且密码是该计算机的域控制器的还原密码（在创建域控制器的时候设置的），如图 26-8 所示。

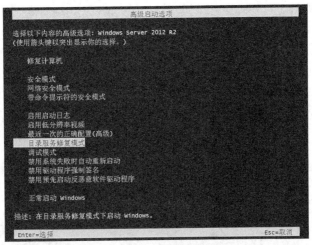

图 26-7　选择【目录服务修复模式】

图 26-8　使用本地管理员登录

（4）打开【Windows Server Backup】工具，在打开的对话框中右键单击【本地备份】，在弹出的快捷菜单中选择【恢复】，如图 26-9 所示。

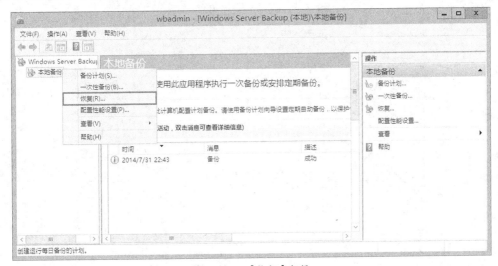

图 26-9　【恢复】备份

（5）在弹出的【恢复向导】中的【要用于恢复的备份存储在哪个位置？】选择【在其他位置存储备份】并下一步，在【指定位置类型】中选择【远程共享文件夹】并下一步，在【指定远程文件夹】中输入"\\192.168.1.2\backup"并下一步，在弹出的【Windows 安全】中输入有权限访问共享的凭据，如图 26-10 所示。

图 26-10　【指定远程文件夹】及凭据

（6）在【选择备份日期】中选择要还原的备份日期并下一步，在【选择恢复类型】中选择【系统状态】并下一步，在【选择系统状态恢复的位置】中选择【原始位置】并下一步，在弹出的提示单击【确定】，如图 26-11 所示。

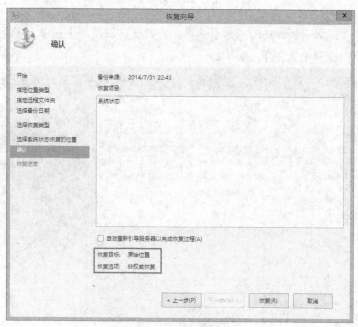

图 26-11　【确认恢复向导】

（7）核对恢复设置正确之后，单击【恢复】按钮，开始还原，过程将持续 10～20 分钟，还原完成之后，会提示重新启动系统，如图 26-12 所示。

图 26-12　正在还原

（8）重启计算机完成后，使用域管理员账号登录，登录后出现图 26-13 所示界面，表示恢复已经成功。

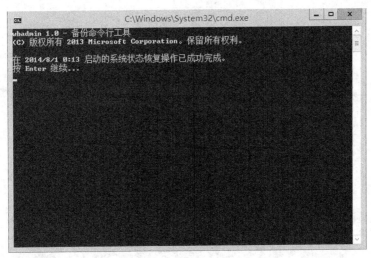

图 26-13　非授权还原成功

3．授权还原

（1）在主域控制器（DC1）下将【业务部】OU 下"operation_user2"用户删除，到额外域控制器下（DC2）上查看【业务部】OU 下的用户，如图 26-14 与图 26-15 所示。

（2）域控制器开机，按【F8】进入高级启动选项，选择【目录服务修复模式】，如图 26-16 所示。

（3）在登录界面中不能使用域管理员账号登录，必须用本地的管理员账号登录，并且密码是该计算机的域控制器的还原密码（在创建域控制器的时候设置的），如图 26-17 所示。

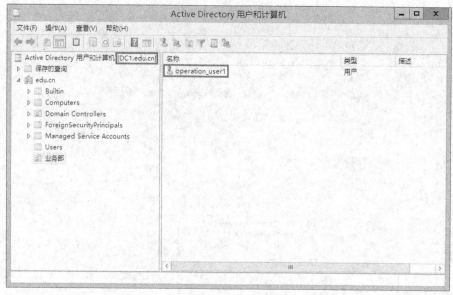

图 26-14　查看主域控制器业务部 OU 的用户

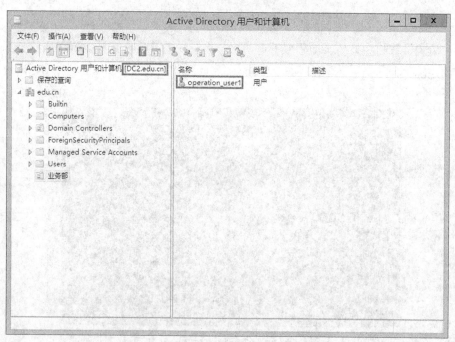

图 26-15　查看主域控制器业务部 OU 的用户

（4）打开【Windows Server Backup】工具，在打开的对话框中右键单击【本地备份】，在弹出的快捷菜单中选择【恢复】，如图 26-18 所示。

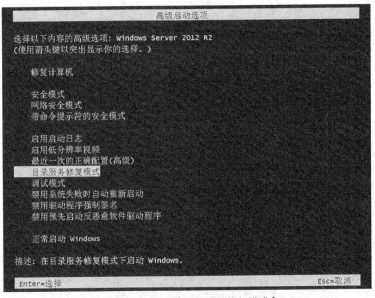

图 26-16　选择【目录服务修复模式】

图 26-17　使用本地管理员登录

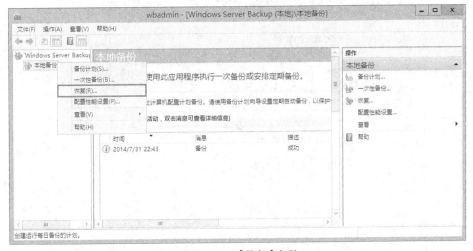

图 26-18　【恢复】备份

（5）在弹出的【恢复向导】中的【要用于恢复的备份存储在哪个位置？】选择【在其他位置存储备份】并下一步，在【指定位置类型】中选择【远程共享文件夹】并下一步，在【指定远程文件夹】中输入"\\192.168.1.2\backup"并下一步，在弹出的【Windows 安全】中输入有权限访问共享的凭据，如图 26-19 所示。

图 26-19 【指定远程文件夹】及凭据

（6）在【选择备份日期】中选择要还原的备份日期并下一步，在【选择恢复类型】中选择【系统状态】并下一步，在【选择系统状态恢复的位置】中选择【原始位置】并勾选【对Active Directory 文件执行授权还原】复选框并下一步，在弹出的提示单击【确定】，如图 26-20 与图 26-21 所示。

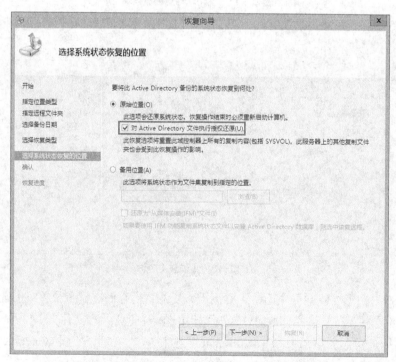

图 26-20 勾选【对 Active Directory 文件执行授权还原】

（7）核对恢复设置正确之后，单击【恢复】，开始还原，过程将持续 10～20 分钟，还原结束后，千万别选择重启计算机，这里需要先修改 Active Directory 的版本号，暂时先保持如图 26-22 所示界面。

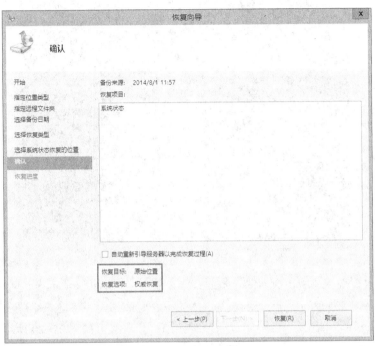

图 26-21　权威恢复

图 26-22　正在还原

（8）打开【Windows PowerShell】输入"ntdsutil"，再输入"?"列出所有选项，可以看到

"Authoritative restore"选项的作用，如图 26-23 所示。

图 26-23　运行【Windows PowerShell】

（9）在【设置授权还原】前需要先激活实例，输入"Activate Instance ntds"将活动实例设置为"ntds"，输入"authoritative restore"进入授权还原数据库，再输入"?"列出所有选项，可以看到"Restore object %s"命令可以权威地还原一个对象，如图 26-24 所示。

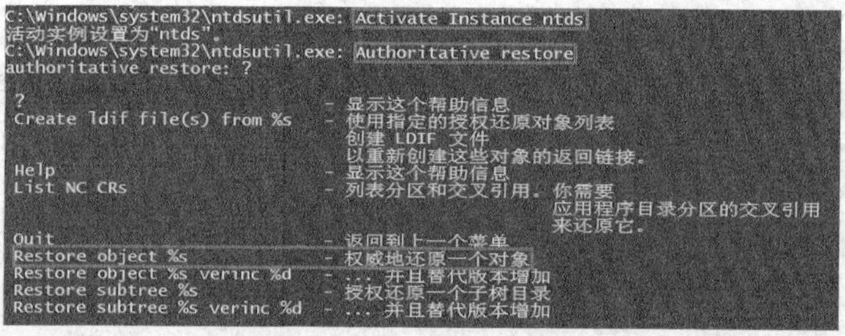

图 26-24　进入授权还原模式

（10）这里我们要还原【业务部】OU 下的"operation_user2"用户，所以命令应该是"Restore object　cn＝operation_user2，ou＝业务部，dc＝edu，dc＝cn"，输入后会弹出【授权还原确认对话】，单击【是】进行授权还原，如图 26-25 所示。

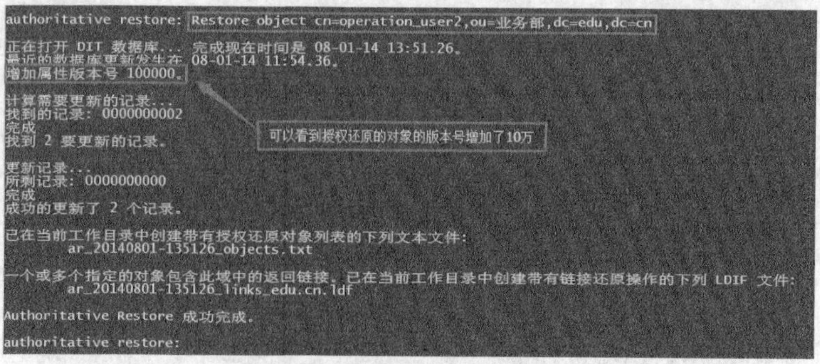

图 26-25　还原业务部用户

（11）将计算机重启，使用域管理员账号登录，登录后出现如图 26-26 所示的界面，表示恢复已经成功。

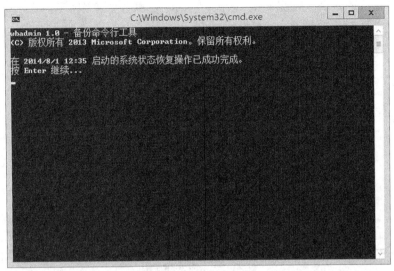

图 26-26　授权还原成功

项目验证

（1）查看【业务部】OU 下"operation_user1"用户已经成功被还原，非授权还原成功，如图 26-27 所示。

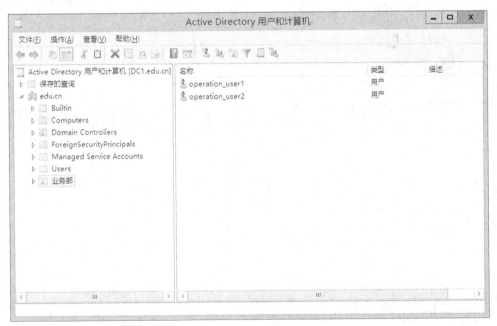

图 26-27　非授权还原成功

（2）查看【业务部】OU 下"operation_user2"用户已经成功被还原，非授权还原成功，如图 26-28 所示。

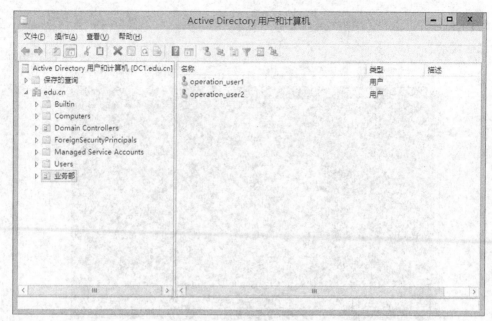

图 26-28 授权还原成功

习题与上机

一、简答题

（1）什么是授权还原，它的应用场景是什么？

（2）什么是非授权还原，它的应用场景是什么？

二、项目实训题

完成本项目的部署。

参考文献

［1］support.microsoft.com

［2］Reimer S, Kezema C, Mulcare M，等．Windows Server 2008 活动目录应用指南.北京：人民邮电出版社，2010

［3］韩立刚，韩立辉．掌控 Windows Server 2008 活动目录．北京：清华大学出版社，2010

［4］戴有炜．Windows Server 2008 网络专业指南．北京：科学出版社，2009

［5］Holme D，等．配置 Windows Server 2008 活动目录（MCTS 教程）．北京：清华大学出版社，2011

［6］Holme D，等，MCITP Windows Server 2008 Server Administrator．美国：Microsoft Press，2011

［7］Thomas O，等．Windows Server 2008 企业环境管理(MCITP 教程)．北京：清华大学出版社，2009

［8］Martin，等．Microsoft Windows Server 2008: A Beginner's Guide (Network Professional's Library)McGraw-Hill．美国：Microsoft Press，2008

［9］William R，等．Microsoft® Windows Server(TM) 2003 Inside Out (Inside Out (Microsoft))．美国：Microsoft Press，2004

［10］William R，等．Microsoft® Windows Server(TM) 2003 Administrator's Pocket Consultant（Second Edition）．美国：Microsoft Press，2004

项目 26　AD 的备份与还原